地质灾害数据仓库构建及应用

DIZHI ZAIHAI SHUJU CANGKU GOUJIAN JI YINGYONG

李振华　梅红波　吴湘宁　朱传华　　编著
吴润泽　李　芳　杨建英　李程俊

中国地质大学出版社
ZHONGGUO DIZHI DAXUE CHUBANSHE

内容提要

本书集多年的教学、科研成果,采用"数据驱动"的系统设计方法,以区域地质灾害预测预报主题和监测预报主题为例,从需求规格说明、概念模型设计、逻辑模型设计、物理模型设计四个阶段对地质灾害数据仓库进行了设计,并对空间数据和属性数据分别进行了 ETL 的设计和实现。采用支持向量机等模型对滑坡敏感性和滑坡位移监测进行了数据挖掘应用,初步搭建了基于 Hadoop+Kylin 的地质灾害大数据多维分析平台。

本书侧重于实践,除适合作为高校地学信息专业本科生和研究生的教材使用外,其研究思路和研究方法也可供地质灾害防治的科研及管理人员参考。

图书在版编目(CIP)数据

地质灾害数据仓库构建及应用/李振华,梅红波等编著. —武汉:中国地质大学出版社,2018.8

ISBN 978-7-5625-4391-6

Ⅰ.①地…
Ⅱ.①李…②梅…
Ⅲ.①地质灾害-灾害防治-数据库系统-研究
Ⅳ.①P694

中国版本图书馆 CIP 数据核字(2018)第 176693 号

地质灾害数据仓库构建及应用	李振华　梅红波　等编著
责任编辑:王凤林	责任校对:周旭
出版发行:中国地质大学出版社(武汉市洪山区鲁磨路 388 号)	邮　　编:430074
电　　话:(027)67883511　　传　　真:(027)67883580	E-mail:cbb@cug.edu.cn
经　　销:全国新华书店	http://cugp.cug.edu.cn
开本:787 毫米×1092 毫米　1/16	字数:275 千字　印张:10.75
版次:2018 年 8 月第 1 版	印次:2018 年 8 月第 1 次印刷
印刷:武汉市籍缘印刷厂	印数:1—500 册
ISBN 978-7-5625-4391-6	定价:68.00 元

如有印装质量问题请与印刷厂联系调换

前　言

当今世界已进入大数据时代，国家之间综合国力的竞争在很大程度上是信息的竞争，信息竞争不只表现为拥有了多少信息，更重要的是在于信息的利用度。同样地，从目前的地质工作来说，最大的问题不是数据太少，而是数据太多，以至于没有一个很好的管理和利用方式，更难以获取综合的和深层次的信息。

地学数据仓库为地学海量数据的集成管理提供了一个途径，为更好地开发现有数据打下了基础。从 20 世纪 90 年代以来，中国地质大学(武汉)胡光道教授就组建了相关团队，开展了地学数据仓库的理论分析和系统开发的研究。当时的着眼点只是为了满足"十五"期间国土资源大调查的数据管理和后续的其他数据库建设的需要，但随着各项地学数据集成应用的持续需求和应用的不断深入，该团队历经 20 余年，开发了多个数据仓库系统，特别是三峡地灾数据仓库系统已开发的比较完善，代表了该团队多年的研究水平，现总结成书，既是对过去工作的阶段性总结，也是对未来地学大数据时代的工作展望。

本书在理论上吸取了商业数据仓库的数据集成思想，以空间模型替代现有数据仓库基于时间的组织模型，设计出基于空间的地学数据仓库模型。此模型是商业数据仓库、地理数据仓库和现有地学数据库三者之上的进一步发展，并涵盖了时间、属性、空间等多类型数据；在实践上，研发并建设了三峡库区地质灾害数据仓库，它将"三峡库区地质灾害预警指挥系统"中各系统各自为政的操作型数据进行面向分析的整合，形成一个集成的、一致的数据中心，实现了直接为预警指挥系统预测预报及决策分析服务的目的。

应当说明的是，在本书涉及的理论分析和实践研究过程中，得到了湖北省地质局谭照华教授级高级工程师自始至终的指导，他丰富的实践经验和高超的理论水平给予了我们团队关键的技术支持；中国地质环境监测院副院长黄学斌教授级高级工程师也一直把关我们的研发工作，并将我们的研发成果在全国地质环境监测单位进行推广；特别是近 5 年我们又有幸得到了中国地质环境监测院喻孟良教授级高级工程师和三峡地质灾害研究所所长程温鸣教授级高级工程师的指导，使得我们的系统最终成为一个较为完善和适用的系统。

本书是中国地质大学(武汉)胡光道教授数据仓库团队近 20 年来在地学数据仓库理论分析和实践探索方面的一次系统总结。该团队前后参与的老师和学生有：胡光道、李振华、王淑华、梅红波、吴湘宁、李程俊、李芳、朱传华、肖敦辉、于炳飞、张寒、张磊、李浩、徐龙飞、秦鑫、胡炫、张俊媛、何彪、李旸、刘志欢、李冀骅、洪丽、郑二佳、马晓刚、任晓杰、李远远、赵琪等。

本书共分 10 章。第 1 章为绪论，介绍了数据仓库的起因及其应用到地学领域的发展历程，重点分析和总结了地学数据仓库与商业数据仓库和地理数据仓库的不同之处。第 2 章为地学数据仓库理论模型，分析了地学数据仓库的数据特点，设计了地学数据仓库的数据组织形式，并提出了基于空间控制点的地学数据仓库理论模型。第 3 章为地质灾害大数据应用现状，分析了地质灾害数据特点、地质灾害数据模型的应用现状，重点介绍了地质灾害易发性、危险性、易损性、风险性评价研究现状。第 4 章为地质灾害数据仓库设计，采用"数据驱动"的系统设计方法,以区域地质灾害预测预报主题和监测预报主题为例,从需求规格说明、概念模型设计、逻辑模型设计、物理模型设计四个阶段对地质灾害数据仓库进行了设计。第 5 章为数据仓库元数据,介绍了数据仓库的技术元数据和业务元数据的管理。第 6 章为 ETL,介绍了空间数据和属性数据抽取、转换、上载规则,并分别进行了设计和实现。第 7 章为数据仓库管理,介绍了在 OWB 中对数据仓库相关文件和资料进行备份,以及对数据仓库立方的维护和增量更新策略。第 8 章为联机分析处理,介绍了 OLAP 的相关技术,从应用的角度对 OLAP 进行了详细设计,并给出了一个地质灾害监测立方的联机分析示例。第 9 章为数据挖掘,介绍了用于数据仓库数据挖掘的常用模型方法,采用支持向量机等模型对滑坡敏感性和滑坡位移监测进行了数据挖掘应用,并对不同模型的应用效果进行了分析比较。第 10 章为基于大数据的数据仓库,利用开源大数据平台 Hadoop 中 Hive 搭建数据仓库,并利用开源 Kylin 搭建大数据联机分析处理平台,实现 Hadoop 下的 OLAP 联机分析处理,从而满足大数据背景下地质灾害信息化的迫切需求,并给出了一个地质灾害威胁立方的应用分析实例。

  本书由李振华、梅红波负责编著,具体分工如下:前言、第 1 章、第 2 章由李振华执笔;第 3 章由李芳、张寒执笔;第 4 章由朱传华、李程俊执笔;第 5 章由朱传华、杨建英执笔;第 6 章、第 7 章由梅红波执笔;第 8 章由吴湘宁、梅红波执笔;第 9 章由朱传华、吴润泽执笔;第 10 章由吴湘宁、黄成执笔。全书由胡光道审定。

  由于本书涉及领域较广,数据仓库的发展跨度较长,在参考文献著录时,仅列出一些学术性的文献,对于一般常识性的文献不再列入,在此向作者表示歉意。此外,因编著者水平有限,疏漏和不足之处在所难免,敬请专家和读者指正。

编著者
2018 年 5 月

目　　录

1 绪　　论 …………………………………………………………………………… (1)
　§1.1 数据仓库的由来 ……………………………………………………………… (1)
　§1.2 数据仓库的国内外研究进展 ………………………………………………… (4)
　§1.3 从数据仓库到地学数据仓库 ………………………………………………… (6)
2 地学数据仓库理论模型 …………………………………………………………… (8)
　§2.1 地学数据仓库的数据特点 …………………………………………………… (8)
　§2.2 地学数据仓库中的数据组织 ………………………………………………… (8)
　§2.3 基于空间控制点的地学数据仓库模型 ……………………………………… (9)
　§2.4 地学数据仓库其他几个模型的探讨 ………………………………………… (12)
3 地质灾害大数据应用现状 ………………………………………………………… (13)
　§3.1 地质灾害数据特点 …………………………………………………………… (13)
　§3.2 地质灾害预测预报研究现状 ………………………………………………… (14)
4 地质灾害数据仓库设计 …………………………………………………………… (18)
　§4.1 数据仓库体系结构及设计阶段 ……………………………………………… (18)
　§4.2 需求规格说明 ………………………………………………………………… (21)
　§4.3 概念模型设计 ………………………………………………………………… (22)
　§4.4 逻辑模型设计 ………………………………………………………………… (33)
　§4.5 物理模型设计 ………………………………………………………………… (38)
5 数据仓库元数据 …………………………………………………………………… (44)
　§5.1 元数据概述 …………………………………………………………………… (44)
　§5.2 元数据管理 …………………………………………………………………… (45)
6 ETL ………………………………………………………………………………… (54)
　§6.1 ETL 过程分析 ………………………………………………………………… (54)
　§6.2 ETL 元数据分析 ……………………………………………………………… (59)
　§6.3 ETL 设计 ……………………………………………………………………… (64)
　§6.4 ETL 的实现 …………………………………………………………………… (70)

7 数据仓库管理 ··· (88)
§7.1 数据仓库数据的备份 ··· (88)
§7.2 数据仓库维护 ··· (96)

8 联机分析处理 ··· (103)
§8.1 OLAP 技术基础 ··· (103)
§8.2 OLAP 详细设计 ··· (106)

9 数据挖掘 ··· (118)
§9.1 数据挖掘在数据仓库中的应用概述 ··· (118)
§9.2 滑坡敏感性分析应用实例 ··· (119)
§9.3 滑坡位移监测应用实例 ··· (130)

10 基于大数据的数据仓库 ··· (139)
§10.1 建设基于大数据平台数据仓库的意义 ··· (139)
§10.2 分布式大数据平台 Hadoop ··· (139)
§10.3 分布式联机分析处理平台 Apache Kylin ··· (143)
§10.4 基于大数据平台的数据仓库设计与实现 ··· (146)
§10.5 基于 Kylin 的大数据 OLAP 的实现 ··· (150)

参考文献 ··· (155)

1 绪　　论

§1.1　数据仓库的由来

1.1.1　数据仓库的起因

传统的数据技术处理的是列表式的二维数据资源,即以数据库为中心,主要进行事务处理方面的数据处理工作,但随着数据采集技术的进步,数据的积累速度越来越快,特别是数据积累到一定程度,数据的分析工作会显得日益重要。然而,天生适合于事务处理的二维数据组织方式,满足不了多样化的数据分析处理的要求,特别是对历史数据进行分析的要求。同时应用到了一定阶段,数据处理也从单纯的事务性处理走向事务处理和分析处理并存,与之对应的数据组织形式也从二维走向了多维。

操作型处理也叫事务处理,是指对数据库联机的日常操作,通常是对一个或一组记录的查询和修改,主要是为企业的特定应用服务的,人们关心的是响应时间、数据的安全性和完整性。分析型处理则用于管理人员的决策分析,例如,DSS、EIS 和多维分析等,经常要访问大量的历史数据。两者之间的巨大差异使得操作型处理和分析型处理的分离成为必然。这种分离,划清了数据处理的分析型环境与操作型环境之间的界限,也直接导致了数据仓库的产生。

1.1.2　数据仓库的相关概念

目前,数据仓库的定义一般采用美国著名信息工程学家 William Inmon 博士(1992,1993)在 20 世纪 90 年代初的表述。他认为:"一个数据仓库(Data Warehouse,DW)通常是一个面向主题的、集成的、随时间变化的、但信息本身相对稳定的数据集合,它用于对管理决策过程的支持。"

这里的主题是指用户使用数据仓库进行决策时所关心的重点方面,如销售情况、人事情况、整个企业的利润状况等。面向主题指的是数据仓库内的信息是按主题进行组织的,并为主题进行决策的过程提供信息。集成是指数据仓库中的信息不是从各个业务处理系统中简单抽取出来的,是经过系统加工、汇总和整理,保证数据仓库内的信息是关于整个企业的一致的全局信息。随时间变化是指数据仓库内的信息并不只是关于企业当时或某一时点的信息,而是系统记录了企业从过去某一时点(如开始应用数据仓库的时点)到目前的各个阶段的信息,通过这些信息可以对企业的发展历程及未来趋势做出定量分析和预测。信息本身相对稳定,是指一旦某个数据进入数据仓库以后,一般情况下将被长期保留,也就是数据仓库中一般有大量的插入和查询操作,但修改和删除操作很少。

它与数据库的主要区别如表1-1所示。

表1-1 数据库与数据仓库的主要区别

	数据库	数据仓库
系统目的	面向事务性操作	面向分析性操作
存储单元	表	立方体
数据维度	二维	多维
使用人员	录入员、数据库专家	管理人员、分析专家
数据内容	当前数据	历史数据、派生数据
数据特点	细节的	综合的或提炼的
数据组织	面向应用	面向主题
操作类型	添加、修改、查询、删除	下钻、上钻、旋转、切片

数据仓库还涉及以下概念。

(1)度量(Measures)。度量通常是一个数值指标,用来描述实体的某个数值属性。例如:气象数据中的降雨量、滑坡数据中的位移量、地下水质数据中的矿物质含量等。度量通常有一定的取值范围。

(2)维(Dimensions)。维也称作维度,是人们分析和观察数据的特定角度。例如:地质灾害分析人员常常关心滑坡位移随着时间推移的变化情况,即从时间的角度来观察滑坡位移的情况,因此时间就构成了一个"时间维"。地下水分析人员常常要关心在城区、流域等特定区域地下水中金属离子的浓度情况,这就是从地理分布的角度来观察金属离子的浓度,因此,地理位置可以作为一个"地理位置维"。维的定义通常与具体的分析对象是相关的。

(3)维的层次(Dimension Levels)。维的层次是指描述维的取值时的细化程度。维的取值存在着从粗粒度到细粒度的多个层次。例如:在使用时间维时,时间的取值可能是粗粒度的年份,或是依次细化的季度、月份、天等粒度,因此可以将时间维划分成"年""季度""月""日"几个层次。同样,在进行"地理位置维"角度的分析时,从粗粒度到细粒度可依次划分为"国家""省、自治区、直辖市""地/市""区/县""乡/镇""村"等层次。通常,维度的层次划分会依照从宏观到微观、自上而下、从粗到细的自然粒度进行划分。

(4)维的层级关系(Dimensions Hierarchies)。维的层级关系是指层次的某种特定的组合。因为在进行分析时不一定会用到所有的层次,因此在分析时可以选择一些代表某些特定粒度的层次出来,这些被选择出来的层次构成一种层级关系。例如:省级以上的气象分析人员在分析降水量时往往只关心年度、月度降水量,并不关心季度、日降水量。因此,可以设置一个"年月"层级关系,它包含"年份""月"两个层次。而对于县级的气象分析人员就必须关心所有粒度的降雨数据,此时可以设置"全部时间"层级关系,它包括"年""季度""月""日"所有层次。因此,层级关系可以看作是分析人员对层级结构的定制。每个维都会选择一个主层次关系(Primary Hierarchy)作为其缺省的层次关系(Default Hierarchy)。

(5)维的成员(Dimension Members)。即维的一个具体的取值,这个取值应能够最直接地描述维成员之间的不同以及维成员所处的层次。由于维是具有多个层次的,因此,维的成员按照粒度的大小也可以是不同层次上的取值组合。例如:"地理位置维"粗粒度的取值是某个国家,如"中国""法国""意大利"等,都是粗粒度的取值,再将粒度细化下去,则在"省"一级的取值应该包括上一级"国家"的取值。例如:"中国湖北省"就是"省"一级的取值。依此类推,所有下级的取值都必须包含上一级的取值。例如:"中国湖北省孝感市云梦县城关镇黄湖村"就是"地理位置维"一个细粒度的取值,包含了所有上层级别的取值。而上层的取值实际上涵盖了所有下面级别的取值,在维度上其实表示的不是一个点,而是一个区域。例如:"中国河南省"其实包括了河南省所有下辖的行政区划。

(6) 维的属性(Dimension Attributes)。维的属性是指和维的具体成员相关,但是却和OLAP过程没有直接关系的辅助信息,这些信息可以作为分析过程的辅助信息。例如:在地理信息维的"区/县"这一级的成员,有对应的属性"面积""平均海拔""地质构造类型""气候类型"等,这些属性有助于在分析过程中了解某个区/县的细节信息,如在分析滑坡位移时,可结合区/县的地理、地质等维度属性来分析滑坡的影响因素。维的一些属性是所有系统通用的,如长描述(Long Description)和短描述(Short Description),这些属性系统会缺省生成,但是大多数的维属性还是自定义创建的。图1-1是维度、层级关系、层次的关系示意图,图中时间维有两种层级关系。

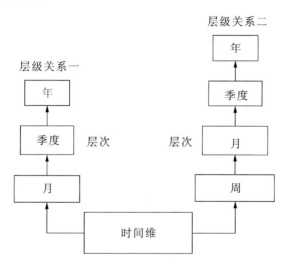

图1-1 维、层级关系、层次的关系示意图

(7) 数据立方体(Cubes)。也称为多维数据立方体,其实就是将各个维度作为坐标轴构成一个坐标系,而将度量值放置在坐标系上各个不同的定位点上所构成的一个多维空间信息体。一个多维立方体可以包含多个维,也可以包含多个度量。因此,一个多维数据立方体可以用多维数组(维度1,维度2,维度3,…,维度m,度量1,度量2,…,度量n)的模型来表示。例如:(时间维,测量方法维,地理位置维,降雨量)就是一个具有三个维度和一个度量的数据立方体模型。

(8) 数据单元(Cells)和事实(Facts)。多维立方体的维度可以看作是坐标系,当每个维度上给出一个最细粒度的取值时,也就确定了多维空间上的一个坐标点。这个坐标点就称为一个"数据单元",里面所存放的度量值被称为"事实"。如果将数据立方体看作是一个多维数组,那么数据单元可以看作是多维数据的具体取值。例如:("20030809""雨量器""中国湖北省孝感市云梦县城关镇黄湖村""12.5mm")就是降雨量立方体里面的一个数据单元,这里用时间维、测量方法维、地理位置维三个维度上各自取的维度值"20030809""雨量器""中国湖北省孝感市云梦县城关镇黄湖村",这三个值如同坐标一般唯一确定了一个数据单元,而数据单元里面所存放的度量"降雨量"的值"12.5mm"就是一个事实。图1-2是降雨量数据立方、数据单元及相关维度的示意图。

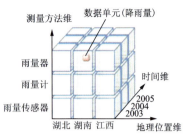

图1-2 降雨量数据立方、数据单元及相关维度示意图

§1.2 数据仓库的国内外研究进展

由于数据仓库所固有的面向分析的特点和海量数据的集成能力,它一经出现即引起了地学数据研究者的兴趣,然而,由于地学数据与商业数据的时空差异,这一技术应用到地学领域并不顺利,时至今日,尚不能像商业数据仓库那样成熟地应用。其在地学领域的发展大致可以分为如下三个阶段。

第一阶段(1993—1996年):商业数据仓库(CDW:Commercial Data Warehouse)的产生。

1993年William Inmon(1992,1993)提出了数据仓库的概念,这一概念与传统的数据库有很大的不同,它改变了库中数据的组织形式,通过按主题组织数据、按时间划分数据的粒度,来达到海量集成和分析商业数据的目的。

第二阶段(1996—1999年):地学数据仓库(GDW:Geological Data Warehouse)萌芽。

1996年,美国联邦地理空间数据委员会(简称FGDC)颁布了国家空间数据基础设施计划(简称NSDI)(FGDC,1996),有关地理空间数据仓库(GSDW:Geo-Spatial Data Warehouse started)的研究开始展开,如1997年美国国家技术情报局(NTIS)展示了一个地理数据仓库的原型系统;1999年Sylvia(1997)探讨了空间数据仓库建设的标准问题及相应开发技术;同年Shekhar等(1999)在总结近20年以来空间数据库的发展之后,将数据仓库作为空间数据库以后发展的一个重要方向。我国也开始了这方面的工作,1999年李德仁说明了数据仓库技术在地球空间数据框架中所起的重要作用;杨群等(1999)、杜明义等(1999)对地理信息数据仓库所涉及的技术和模型进行了描述。

在此阶段,国际上实用的地学数据仓库建设也相继开始,比较有名的数据仓库有2个:①加拿大水文地理局的海洋深度数据仓库(Forbes等,1999),用Oracle关系数据库设计和开发而成,存储和管理上千兆的深度数据,同时采用数字地形模型(DTM)对水平和垂直方向的两种数据格式进行了转换;②美国国家水质评价(NAWQA)(Cohen,1999;Bell,2000)数据仓库,它实际上是一个联机数据库,包括650万条记录,涉及46个州的2800条河和5000个钻井,但是这些数据分别保存在EXCEL或ASCII文件中,通过USGS主页访问数据仓库。

通过上述文献可知,这一时期地质学家或地理学家已意识到数据仓库的重要性,开始了理论方面的探索,但实用的数据仓库还是没有脱离数据库的框架,只是海量数据在数据库中的简单堆积,不能算是严格意义上的数据仓库。

第三阶段(2000年至今):地学数据仓库发展(以地理数据仓库的发展为主)。

自2000年开始,地理数据仓库体系结构的研究兴起,如Keighan Edric等(1999)探讨了空间数据仓库的体系结构,同时也对数据仓库的广延性(多数据类型)、可扩展性(TB级存储量)和多分辨率进行了展望;赵需生等(2000)、周炎坤等(2000)探讨了空间数据仓库的体系结构和关键技术。同时,数据仓库的重要性也更为人们所认识,如美国地调所Charles(2000)认为:数据仓库是实现地理数据共享的关键技术,他展示了数据仓库的结构和有关的数据标准;2001年在加拿大召开了第2届国际数字地球研讨会,其中"数据仓库与数据挖掘"成为会议的一个主题(Nickerson,2001;Donnelly,2001;Curkendall,2001),会上Zhi Li等(2001)认为集成和共享的数据仓库应是未来数字地球的一个重要组成部分;另外,地理领域之外的讨论也开始进行,如张夏林等(2001)展望了数据仓库技术在国土资源信息系统中的应用。与此同时,实用性研究也开始展开,如Barclay等(2000)建立了一个单主题的数据仓库——大型地图库,存储来源于USGS和SPIN-2的影像;Jermaine(2001)对空间数据仓库的索引问题进行了研究,设计出T2SM的高性能空间索引结构。

2002年地理数据仓库取得了一个重要进展,即在原有数据仓库的基础上强调了数据的空间特性,如Papadias等(2002)提出了时空数据仓库的思想,认为可将空间维与时间维合并成一个混合维;尹章才等(2002)对时空数据仓库进行了探讨,认为时空数据仓库是时态地理信息系统和数据仓库相结合的产物。与GIS结合的研究也引起了关注,如陈琳等(2002)结合GIS技术,研究了地理信息数据仓库的体系结构和关键技术;邹逸江(2002)重点描述了空间数据仓库与测绘数据库和应用系统的区别与联系,以及相应的空间数据仓库的体系结构。

2003年仍然以地理数据仓库的发展为主,令人欣喜的是地理数据仓库已有背离商业数据仓库设计初衷的迹象,越来越面向存储和检索,而不是像商业数据仓库那样纯粹是为了面向分析。Savary等(2003)提出一个基于GML(Geography Markup Language)和XML(Extensible Markup Language)的异质GIS数据仓库的设计,其中GML表示空间数据,XML表示属性数据,强调的是存储;Li等(2003)针对商业数据仓库中空间数据的联机分析(Online Analytical Processing,OLAP)的检索操作进行了分析,Choi等(2003)对时空数据仓库也作了类似的分析,强调的都是检索。同时,国内的Qian等(2003)和Zhang等(2003)也对一种空间数据仓库检索的方法进行了分析,Qian设计的是一种对大型数据库和数据仓库均普适的算法,Zhang则定位在商业数据仓库中空间数据的检索;Carr等(2003)对数据仓库技术在EOSDIS数据池中的存储和检索功能进行了研究,对存储和检索都进行了强调。

在地球科学领域,于焕菊等(2006)分析了我国华北地区地震空间数据仓库的结构;王永志等(2008)分析了地学空间数据仓库的构建技术;鲍玉斌等(2009)描述了海洋环境数据仓库多维建模技术;黄解军等(2009)说明了面向数字矿山的数据仓库构建及其应用技术;廖晓玉等(2009)设计了松花江流域水资源空间数据仓库;陈红顺等(2009)设计了广东省韶关市环境污染数据仓库;魏红雨(2014)提出了基于4G地学空间数据集成模型并构建了相应的数据仓库;针对地质学(Geology)、地理学(Geography)、地球化学(Geochemistry)、地球物理学(Geophysics)数据具有多学科综合特点和多重异构问题,进行数据分析、处理、融合等集成操作,以构建地学数据模型,并采用地学空间数据仓库和数据质量评价控制等关键技术,为数据集成和信息共享提供了尝试性的方法,并为后续的数据挖掘和数据融合处理奠定了基础。

胡光道团队自20世纪90年代开始就一直从事地学数据仓库的理论探索与应用开发工作。胡光道等(1998)将数据仓库技术应用到矿产资源评价领域,用以提高金属矿产资源勘查、分析评价的能力;李振华(1999,2002)和王淑华(2004)构建了矿产资源管理数据仓库,将不同比例尺粒度级矿产资源空间数据进行分级存储和数据综合,通过空间控制点将不同类型的数据叠加,实现多源地学数据的整合。胡光道等(2011)通过集成融合三峡库区不同时空范围的各类数据资料,按五个主题对数据进行分类,并建设了三峡库区地质灾害数据仓库;蔡胤等(2010)对三峡库区地质灾害数据仓库的ETL过程开展了研究;朱传华(2010)采用"数据驱动"的系统设计方法,并以区域地质灾害预测预报主题和滑坡监测预报主题为例,构建了三峡库区地质灾害数据仓库,采用支持向量机等方法,进行了数据仓库挖掘的实例应用。梅红波(2010)采用维度建模的方法,建立了三峡库区单体滑坡灾害数据仓库的总线结构,实现了数据仓库的并行、增量构造。张鸣之等(2014)以构建国家级地质环境数据中心,实现地质环境信息大综合、大集成为目标,将各类操作型数据面向业务分析整合,实现了不同粒度、不同维、不同侧面查询及观察数据的功能,为业务分析和决策支持提供了数据保障。吴湘宁(2014)构建了一个地质环境数据仓库,并实现联机分析处理和数据挖掘功能的完整体系,由此形成了一套地质环境数据集成、分析、挖掘、展示的完整框架。

§1.3 从数据仓库到地学数据仓库

通过对上述文献分析,可以认为:现有地学数据仓库在商业数据仓库基础上有了一定的发展,在地学数据仓库中考虑到了空间维的问题,也考虑了与GIS的结合问题,甚至在数据存储和数据检索方面做了很多工作,但从框架上还是没有摆脱现有商业数据仓库基于时间的数据组织形式,以下几个问题仍难以解决。

(1)不同类别数据集成。商业数据可以按时间集成,而地学数据按时间集成就比较困难,特别是不同类别不同格式的数据集成更为困难。

(2)分级存储。海量数据往往需要根据数据粒度的大小来进行分级和分布式存储,如果地学数据以时间来组织,就难以确定数据的粒度,也就没有分级存储的依据。

(3)数据的综合。对地学数据的分析,主要侧重于空间方面的综合性分析,而以时间为主的数据组织形式显然与此不太协调。

因此,地学数据仓库的设计必须考虑地学数据以空间为主的特点,区别于原有商业数据仓库基于时间的特点,重新设计基于空间的地学数据仓库模型。商业数据仓库、地理空间数据仓库和地学数据仓库三者的区别如表1-2所示。

表 1-2　商业数据仓库、地理空间数据仓库和地学数据仓库的区别

	商业数据仓库	地理空间数据仓库	地学数据仓库
数据组织	时间	以时间为主,以空间为辅	以空间为主,以时间为辅
数据粒度	时间粒度(如年月日)	时间粒度	空间粒度(比例尺)与时间粒度共存
数据类型	属性数据	属性数据和GIS数据	所有类型的数据
数据立方	需要	需要	仅用于属性数据
建库目的	数据分析	数据分析	数据集成与数据分析并重

基于以上认识,我们近年来进行了地学数据仓库的初步研究(Li等,2003;胡光道等,1998,1999,2002;李振华等,1999,2002;王淑华,2002),认为在地学数据仓库的设计中,应当采取基于空间的数据组织形式,用比例尺作为粒度级别代替商业数据库中的时间粒度级别,以实现海量数据的分级存储和不同粒度的数据综合;以空间控制点代替时间控制点(日、月、年),通过空间控制点将不同类别的数据叠加,以实现多源地学数据的集成;以此模型为基础,可实现任意类型、任意比例尺、任意区块的数据输出,在考虑时间维的情况下,此模型还能实现任意时间段的数据输出。

有意思的是,我们在2004年提出的上述基于空间控制点的地学数据集成模型,2005年Google Maps在集成遥感数据和地理数据时,也采用了同样的模型。

2 地学数据仓库理论模型

§2.1 地学数据仓库的数据特点

基于地质数据的特殊性,相对一般意义上的数据仓库,地学数据仓库的数据特点如下。

(1)数据的性质不同。一般数据仓库中的数据表现为时间属性,而地质数据表现为空间属性(有的变动较快的数据还具有时空四维的特征)。地质数据多是描述性数据,一般不随时间而变化(至少在研究期内,可以认为是静止不变的)。因此,在建立地学数据仓库时,要着重考虑其空间方面的特点。

(2)数据的更新属性不同。一般数据仓库中的数据是不可更新的,而地质数据是可更新的。在地学数据仓库中,数据是必须更新的,在某一地区如果有新的数据出现,必须立即覆盖旧的数据,以保证数据的准确性。因此,地质数据的生命期的概念与一般数据仓库也不相同,如果没有新数据,老数据继续存在。当然,地质数据的刷新频率是相当慢的(几年甚至几十年一次),这也符合分析型数据的特点。

(3)数据类型复杂程度不同。一般数据的数据类型比较简单,地质数据的数据类型比较复杂。常用的整型、实型、字符型等简单数据类型满足不了地质数据描述的需要,具有空间特点的地质数据应用在关系数据模型中还需要作技术上的处理(当然,地质数据应用在数据库系统中也有同样的问题,但在数据仓库系统中,必须转换成结构性的数据以便于海量组织和分析,使得这个问题变得更为突出)。

以上是几个主要的不同点,当然,在其他方面如集成性等与一般数据仓库是相同的。

王珊(1998)将数据仓库定义为:是一个用以更好地支持企业或组织的决策分析处理的、面向主题的、集成的、不可更新的、随时间不断变化的数据集合。鉴于地质数据的特点和目前数据仓库的实现平台(还是传统的关系数据库),地学数据仓库可以定义为:是一个用以更好地支持地学决策分析处理的、面向主题的、集成的、不常更新的、能存储空间数据的、随时间和空间不断变化的地学数据集合。

§2.2 地学数据仓库中的数据组织

由于地质数据有着自己的特点,这导致了地学数据仓库在数据组织上与一般数据仓库有所不同。一般数据仓库中按时间进行组织数据,而地学数据仓库中则按空间进行组织。本书选取比例尺为空间的度量参数(图2-1)。

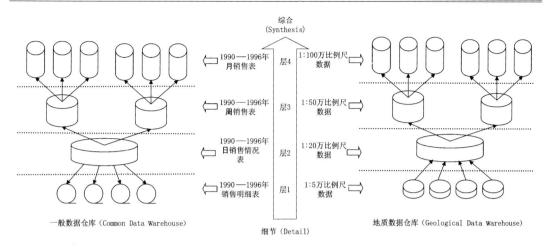

图 2-1　地学数据仓库与一般数据仓库在组织结构上的比较

图 2-1 所示左边为一般数据仓库组织结构(在不失原意的情况下略有改动),层 1、层 2、层 3、层 4 分别指早期细节级、当前细节级、轻度综合级、高度综合级(廖晓玉等,2009);右边地质数据仓库是基于一般数据仓库,地质数据仓库在结构上与一般数据仓库是基本一致的,但也有几点如下的区别。

(1)选取的度量参数不同。前者为时间,后者为空间。

(2)数据流向不同。前者只有层 2(即当前细节级)能接受外界的数据,并且其他层的数据都来源于这一层。而后者的各层都能直接接受数据。

(3)数据的可更新属性不同。图 2-1 所示地学数据仓库中的层 1 采用存储设备符号表明了数据的可更新性(目前数据仓库在实现环境上仍是传统的数据库,这使得在数据的可更新性上并不需要作特别的设计)。要注意的是,底层的数据如有变动,将会级联地改变上层的相关数据。

§2.3　基于空间控制点的地学数据仓库模型

2.3.1　设计思想

由于地学数据都具有空间特点,因此对于不同领域不同格式的数据,它们都能通过坐标控制点在空间上建立对应关系。另外,控制点的数量直接影响到数据叠合的精度和以后数据切割线的锯齿的大小,因此也需要在控制点数目和计算效率间进行平衡。

有一个例子或许可以说明基于空间控制点的地学数据集成的重要性。科索沃战争期间,以美国为首的北约"误炸"了我国驻南联盟大使馆,美方给出了所谓"旧地图"的解释。在此假设,如果美方采用了上述基于空间控制点的数据集成技术,使用的是集成后的数据,那么不管地图多么旧,但起码遥感数据能反映大使馆的存在,集成后的数据当然就能反映大使馆的位置,这样,它就连"旧地图"的托辞都找不到了。

2.3.2 基于空间控制点的地学数据仓库"金字塔"模型

数据仓库逻辑上呈金字塔结构,自底向上按比例尺从大到小分层,在每一个层内又分为多个图层,每个图层代表某一地学类型的数据,多个图层依照控制点的空间对应关系进行叠合(图 2-2)。

虽然不同类型的数据有不同的数据格式,但由于地学数据的空间特点,它们之间存在着空间坐标的对应关系,因此都可通过共同的"控制点"来进行数据层的叠加。正是由于"控制点"的存在,才得以在横向上不同格式的同一比例尺数据之间建立联系,同时,在纵向上同一格式的不同比例尺数据之间也建立了联系。

这种模型的优点是:

(1)与现有的数据集成模型相比,本模型可集成不同类型、不同比例尺、不同格式的数据。

(2)可依比例尺进行分级存储。中小比例尺数据集中在省级数据中心,大比例尺数据分散于基层单位,以减轻数据中心的数据存储量和访问量,并且这种方式也符合现有的地调系统行政管理模式,上层的中小比例尺数据供规划、预测等较宏观的工作,下层的大比例尺数据则适合基层单位的日常细节型工作。

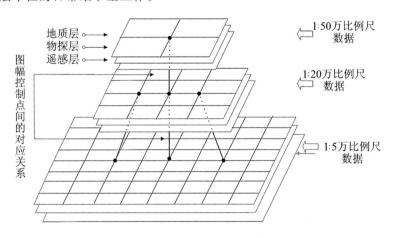

图 2-2 基于空间控制点的地学数据仓库"金字塔"模型

(3)该模型精度可变,普适性强。数据叠合的精度直接取决于控制点的多少,控制点越密,叠合的精度就越高,反之则越低。即使是在最坏的情况下,整个图幅内没有一个控制点,但由于每个图幅都有 4 个角点,不同类别的数据依然可以通过这 4 个角点实现数据叠合,数据调出(如调到工作区)时就一次按一个图幅调出,这时数据输出方式与现有地学数据库的输出方式相同。由此可看出本数据仓库的一个特点:精度可变,普适性强,最差情况下也能等同于现有数据库的输出水平。

2.3.3 不同比例尺图层间的数据处理

目前,地学数据仓库涉及的数据类型可分为两种:属性数据、空间数据。对这两种数据的处理方法如下。

（1）属性数据的处理。这类数据在地学上表现为网格数据。在由下层数据生成上层数据的过程中，可采用常规的方法进行上层数据的生成，即间隔取点、取平均值、取极值等。在由上层数据生成下层数据的过程中，可采取通用的插值方法，即线性插值、反距离加权插值、样条插值、克里格插值等。

（2）空间数据的处理。空间数据比属性数据复杂得多，不能简单地对数据进行直接的处理。在处理属性数据时，可以用计算公式来描述；但对于空间数据，其数据处理须用模型或规则库来进行描述。

在由下层数据生成上层数据的过程中，首先须建立相应的数据综合规则库。规则库根据空间对象性质、数量、内容，来决定采取相应的数据综合方式，如取舍、概括、融合、替代等，及每种方式采用的算法。例如，对于某一面状对象，在上级比例尺中是继续作为面对象，还是作为一个点对象所替代，还是与其他几种对象融合成另一面对象，抑或干脆就将此对象舍弃，须参照数据综合规则库中相应的规则，从而决定相应的操作形式。

在由上层数据生成下层数据的过程中，同样地，需要首先建立相应的数据放大规则库，模型将根据空间对象的性质和内容，来决定采取插值方式和替代方式。例如，对于某一线状对象，在下级比例尺中是继续作为线对象，还是扩展成面对象，进行扩展又采用什么扩展方式，进行插值又采用什么插值方法，也都需要参照数据放大规则库中相应的规则。

例如：设图层 A 为下层，B 为上层，则 $A \rightarrow B$ 为综合操作，$B \rightarrow A$ 为放大操作，表 2-1 为相应规则库的操作示意。

表 2-1　某规则库的操作示意

对象	控制点域内对象数量	内容	是否延伸到邻域	$A \rightarrow B$ 综合规则	$A \leftarrow B$ 放大规则
面	1	成矿带	否	被点所替代	插值放大
面	1	成矿带	是	保留	插值放大
面	2～4	成矿带	否	保留	插值放大
面	2～4	成矿带	是	保留	插值放大
面	>4	成矿带	否	合并	插值放大
面	>4	成矿带	是	只在本域内合并	插值放大
线	1	断层	否	保留	放大为面对象
线	1	断层	是	保留	保留
点	1	成矿点	—	保留	放大为面对象

§2.4 地学数据仓库其他几个模型的探讨

2.4.1 分级存储数据交换模型

分级存储数据交换模型考虑不同级别间的数据查询与交换问题。比如国家级数据中心存放1∶500万的小比例尺数据，省级数据中心存放1∶100万的数据，县市级数据中心存放1∶5万的数据，即是基于比例尺的分级存储，这样不同级别数据中心就存在数据查询与交换问题。数据查询的目的在于建立基于控制点的快速索引模型，以保证能通过上层数据尽快地调出下层的细节数据；数据交换主要考虑下层数据的更改所引起上层数据的级联式更新问题。同样地，在控制点框架下，不同层次间数据交换在控制点所圈定的范围内进行（为简化问题，图幅接边这一技术问题暂不考虑）。同一层次的数据只按图幅简单拼接，下层的几个大比例尺图幅对应着上层一个小比例尺图幅，这时图幅的4个角点就成了天然的控制点。

2.4.2 无级比例尺模型

无级比例尺模型考虑的是由较小比例尺数据和较大比例尺数据生成中间比例尺数据的问题。不同类别的数据可以有不同的无级比例尺模型，但只要是在控制点的框架下，生成后的数据依然被控制点所控制，因此，也依然可以与其他类别的数据叠合。

无级比例尺模型也应符合地学特点和适应地学数据仓库管理，基于此，可以设想出一个这样的模型：该模型不是传统的单向的从下往上的形式（Larsen等，1998；Lee等，1999），即单纯地由大比例尺数据生成小比例尺数据，而是根据地学的特点，采取从上和下两个方向同时往中间走的方式，即由小比例尺和大比例尺数据共同生成中比例尺数据，以充分参考小比例尺数据的信息。

2.4.3 数据剪裁模型

数据剪裁是地学数据仓库的一个常用功能，可以利用GIS提供的数据裁剪技术，在控制点框架内进行数据剪裁。可以设想，如果空间控制点以规则的矩形排列，那么所剪裁的数据将是锯齿形状。

3 地质灾害大数据应用现状

§3.1 地质灾害数据特点

地质灾害数据覆盖面较广、涉及领域较多,获得的实时观测及成果数据类别庞杂、主题多种、来源多样、数量巨大、数据关系复杂,呈现大数据特征,具体特点如下。

3.1.1 非空间数据

非空间数据包括地质灾害调查,群测群防,工程治理,搬迁避让,灾险情管理,应急调查与巡查、排查,专业监测等类型数据,分述如下。

(1)地质灾害调查数据:包括不稳定斜坡、滑坡、地面塌陷、泥石流、地面沉降、崩塌、地裂缝七大灾种的相关调查信息表。调查信息表主要根据阶段进行划分,包括各灾害类型的调查信息表、阶段调查信息表及类型特征信息描述子表。

(2)群测群防数据:包括群测群防基本信息表、群测群防防灾预案表、工作明白卡、避灾明白卡("两卡一表")、群测群防行政管理体系、监测点情况、巡查人员表、定点监测记录、宏观巡查记录等数据。

(3)工程治理数据:包括治理工程基本信息表、治理工程附件表、治理工程灾害信息子表、立项补助地质灾害治理工程项目统计表、地灾治理项目前期工作情况子表、地灾治理项目资金计划子表、地灾治理项目年度资金拨付子表等数据。

(4)搬迁避让数据:包括搬迁避让表、应急避难场所表、搬迁避让场址点信息表。

(5)灾险情管理数据:包括灾险情报送、宣传培训、避险演练以及相关的月统计报表。

(6)应急调查与巡查、排查数据:包括应急调查报告表、工作安排表、工作安排与隐患点对应表、应急调查数据表、调查队伍表、调查队伍资质表、地质灾害隐患排查核查情况汇总表、崩塌隐患点排查记录表、滑坡隐患点排查记录表、泥石流隐患点排查记录表、地面塌陷隐患点排查记录表、地裂缝隐患点排查记录表等数据表。

(7)专业监测数据:包括专业监测基本数据、监测网点数据、监测机构数据、监测设备数据、监测人员数据、监测数据等。专业监测按行政区域—监测点—监测设备—监测记录来组织数据。

3.1.2 空间数据

空间数据包括基础地理、基础地质、遥感、地质灾害详查数据等。
随着地质灾害信息化的不断推进,先进的智能多媒体传感器技术、卫星遥感技术、物联网技术、无线网络技术等现代化技术越来越多地应用到地质灾害监测预警工作中,新技术产生的数字化资料、本地数据、业务数据、成果数据、元数据和三维影像系统高分辨率遥感影像数据等地质灾害数据将呈爆炸式增长。如何对地质灾害大数据进行快速的分析挖掘,提取出其中有价值的信息,预测、预防地质灾害的发生,降低对生命财产安全的威胁,是地质灾害信息化亟待解决的问题。

§3.2 地质灾害预测预报研究现状

1976年国际工程地质协会主席 Arnould 教授首次提出地质灾害一词(Geological Hazard),其中包括滑坡、崩塌、泥石流和地震。目前地质灾害有三种表述:Geological Disaster,Geological Hazard,Geo-Hazard。现在国际上对于地质灾害的分类体系采用的是1984年 Varnes 分类体系,国际标准上的 Landslide(滑坡)这一术语相当于我国使用的滑坡、崩塌和泥石流三个术语。地质灾害直接关系着国家的经济发展和社会稳定,各国对地质灾害的预测与预防的需求迫切。我国是一个深受滑坡灾害困扰的国家,每年由地质灾害所造成的直接和间接经济损失十分惨重。因此,在我国地质灾害频发地区开展风险评价研究意义重大。

地质灾害的易发性评价和危险性评价仅考虑地质灾害的自然属性,易损性评价和风险性评价是在前两者的基础上考虑地质灾害的社会属性(向喜琼,2005)。

3.2.1 易发性与危险性评价研究现状

易发性评价(Susceptibility Assessment)也称敏感性评价,重点分析的是所处区域在多种条件下地质灾害发生的可能性。易发性评价实质上就是一个映射分析,用数学语言来描述就是在给定的地质环境因素下斜坡失效的空间发生概率。张梁等(1998)认为易发性反映的是物理地质现象,指的是地质灾害的易发程度。易发性不涉及地质灾害时间概率等问题(邱海军,2012)。

国外学者将危险性(Hazard)定义为:在一个特定的时间内给定的区域中潜在破坏现象发生的概率。国内学者将危险性定义为给定区域内一定时间地质灾害发生的强度与可能性。殷坤龙等(2007)认为,如果把地质灾害的出现定性为随机发生的事件,那么危险性分析就是估计各种强度的地质灾害发生的概率或地质灾害的重现期。国外学者认为地质灾害的易发性不同于地质灾害的危险性,易发性不考虑斜坡失效的时间概率,也并不考虑地质灾害未来发生的规模,而在危险性评价方面,对时间概率、影响范围等作了大量的研究(Guzzetti 等,2006)。

自20世纪90年代以来,国外学者开始利用地理信息系统平台,通过对地形、水文地质、断层构造、气候条件、天气情况等影响因素的选择,结合统计模型、DEM 模型、决策支持系统、工程数学等模型,探讨了地质灾害的易发性和危险性(Nagarajan 等,2000;Mario 等,1995;Carrara 等,1995;Van,1993)。Martin 最早提出了滑坡易发性指数概念,采用矩阵评价方法进行了滑坡灾害危险性区划制图研究,这也被认为是斜坡稳定性分区的最初指导性结论(Larsen 等,1998;Takashi,1995)。Aleotti(1999)在 Martin 的基础上开展了进一步的研究,发展了滑坡易发性指数的内涵,结合历史与预测,利用评价指标,并考虑滑坡发生的历史分布规律及控制因素对未来发生的影响程度。Pelletier 等(1997)运用地理信息系统的工具对地质灾害的位置、分形和自组织临界性等特征进行了研究。Jacobson 等运用地理信息系统的空间分析和可视化功能对滑坡的位置进行了分析(Borga 等,1998)。Pachauri 等(1998)在喜马拉雅加瓦尔地区利用地形分类开展了滑坡易发性制图的方法研究。有很多学者开始利用结合信息量、人工神经网络、支持向量机、Logistic 回归等模型来预测和评价地质灾害(Greco 等,2007;Garcia-Rodriguez 等,2007)。

自 21 世纪以来,我国学者开始对区域地质灾害的易发性、危险性和风险性开展研究。随着区域地质灾害评价研究的深入,国内学者开始运用 GIS 的数据管理、空间分析及可视化分析等功能的优势进行地质灾害评价与区划,在地质灾害评价及防治研究中先后提出了信息量、人工神经网络、专家打分、Logistic 回归、判别分析、支持向量机、物元分析等模型,并进行了实证研究,取得了一定的成效。2008 年以后,国内学者把 3S 技术应用于地质灾害的调查、分析、评估和评价(邱海军,2012)。

中国国土资源经济研究院等运用层次分析法建立地质灾害危险性评价模型;许冲等(2009)利用层次分析法对断层、岩性、高程等 7 个参数进行了权重分析,在 GIS 平台下对汶川地震区滑坡易发性进行了评价。柳源(2000)对地质灾害风险区划研究时改变了传统将降雨量作为影响因子的做法,在选取的各项影响因素中突出了降雨的特殊作用,采用临界强度降雨作为影响因子,提高了危险性评价的可靠性。

向喜琼(2005)认为区域滑坡地质灾害易发性评价与危险性评价在评价方法上并没有本质的区别,都只考虑滑坡地质灾害的自然属性,并不与地质灾害成灾特点相关,对易发性与危险性的评价区别仅在评价指标的选定与量化等步骤。在对四川珙县地质灾害的危险性评价中,没有考虑降雨因素指标。

邱海军(2012)通过选取崩塌滑坡的易发性影响因子(高程、坡度等),分别运用信息量方法、Logistic 回归模型、人工神经网络和支持向量机模型,对陕西宁强县地质灾害进行了易发性评价;运用乘积法和综合法进行了危险性评价,乘积法是易发性与频率的乘积,诱发因素选取区域年降水量、地震以及人类活动指标,计算地质灾害间接概率;综合法评价对易发性和危险性并不作区分,直接选取静态因素、诱发因素和历史地质灾害活动程度等指标进行综合评价,其中诱发因素同样选取了年平均降水量等指标。

熊倩莹(2015)认为地质灾害的危险性和易发性本质不同,易发性仅仅是在某一地区地质灾害发生的可能性,并不考虑地质灾害发生的规模、概率和影响范围。在茂汶羌族地区地质灾害评价研究中,首先通过选取地形地貌等 7 个因素作为评价因子,采用层次分析法等 8 种方法进行了易发性分析评价,然后选取静态因素、外在作用条件(年平均降雨量和人类工程经济活动)以及地质灾害点密度作为评价指标,采用熵权法进行了危险性综合评价。

彭令(2013)把滑坡危险性分析归纳为易发性或敏感性分析、滑坡强度和时间频率分析三个方面;利用 GIS、RS 等技术,提取地形地貌、基础地质、水文条件、地表植被和诱发因素(区域年平均降雨量等)五大类共 27 个评价因子,采用粗糙集等方法进行了基于斜坡单元的区域滑坡易发性预测;综合滑坡的空间概率、时间频率及强度特征进行了危险性分析。

李永红、高帅、解会存等通过综合地形地貌、地层岩性与岩土体、诱发因素(年均降水量等)各单因子图层进行易发性评价,将区域地质灾害隐患点险情或受威胁对象叠加进行危险性评价(李永红等,2014;高帅等,2015;解会存等,2016)。王磊(2013)和高进(2016)选取坡度、年均降雨量和人类工程活动等影响因子,构建地质灾害易发性区划指标体系,结合地质灾害点的危害程度,在易发性分区的基础上进行危险性分区。

综上所述,国内学者对易发性和危险性的观点基本可以分为两类:一类观点认为易发性和危险性是有区别的,危险性指的是给定区域内一定时间地质灾害发生的强度与可能性。另一类观点认为危险性等同于易发性,在评价过程中对两者不加区别,很多易发性研究也将人类工程活动、降雨、地震等动态诱发条件计入在内。我们认为地质灾害的危险性评价,应该包括滑坡、泥石流等地质灾害当前所处的状态、未来时间标度内的发展趋势及发生概率、地质灾害危险性的条件因素。当前国内外地质灾害易发性和风险性评价选取的诱发因素传统的都是降雨条件、地震、人类工程活动,其中降雨条件选取的大多为年均降雨量指标,然而危险性评价实际应用中,年均降水量指标对地质灾害的危险性指示性不强。随着全国地质灾害监测系统的发展和完善以及大数据技术在地质灾害数据处理和分析中的试验应用,监测数据的准确性、持续性、完整性得到很大的保证。本书选取区域动态有效降雨量指标作为降雨因数进行危险性评价,更能保证危险性评价的准确性,真正实现地质灾害时间刻度上的动态风险预警。

3.2.2 易损性评价及区划研究现状

国外从20世纪70年代末开始对地质灾害的社会易损性进行研究,1978年Burton等在《环境灾害》中将易损性定义为易于遭受地质灾害的破坏或损失。美国为加强防灾减灾力度,在1975年由地理学家Gilbert和社会学家Eugene主持开展了基于社会科学方法的国家级自然灾害评估项目,为自然灾害的易损性研究指出了方向(周利敏,2010)。Smith(1992)系统总结了风险评估、社会易损性等方面研究成果,初步论述了风险管理中各构成要素的相互关系,分别描述了地质灾害、气象灾害、水文灾害和技术灾害四个自然灾害类型的灾害特征及调整模式。

在国内,姜彤等(1993)探讨了社会易损性与自然易损性之间的关系。郭强(1999)在此基础上进一步丰富了易损性的内涵,深入阐明了社会脆弱性和易损性的联系与区别。蒋勇军等(2001)运用GIS技术,以重庆市为例绘制区划图,分别选择地质灾害密度等指标对地灾的脆弱性和易损强度进行研究。毛德华等(2002)通过选取人口密度、工业产值密度、路网密度、城区绿地率等指标,从社会经济敏感性等方面对湖南省城市洪涝的易损性进行了定量评估,在此基础上将城市洪涝的易损性程度划分为5个等级。郭跃(2005)认为进行社会易损性研究对地质灾害的防治现实意义重大,并对社会易损性研究的历史进程进行了总体研究,分析了易损性的4个性质。刘光旭等(2008)根据易损性相关理论,选取昆明市东川区各个乡镇的经济、人口等指标进行了易损性评价。石莉莉等(2009)以四川米易县为研究区,根据研究区的区域特点,并按照科学性、可操作性和可定量化等选取依据确定易损性指标,在此基础上构建易损性评价的数学模型,最后运用GIS软件平台中利用自然断点法,对该区进行了易损度区划及区划制图。殷杰等(2009)在暴露易损方面对上海市地质灾害易损性展开了研究。梅海等(2010)以兰州市地质灾害为例,进行了易损性评价及区划研究,分析了地质灾害易损性评价指标体系,并认为易损性程度可以用易损性指数来度量。

综上所述,国内外对地质灾害易损性评价往往研究的是小区域社会经济承灾体范围,评价体系尚不成熟,未形成一个统一的标准,因此在该领域的研究还需要继续深入。

3.2.3 风险性评价研究现状

美国著名滑坡专家 Varnes 于 1984 年在联合国教科文组织的一项研究计划中,提出了地质灾害风险的概念,将地质灾害风险定义为地质灾害破坏产生不良后果的可能性,包括地质灾害发生破坏的可能性及其产生的后果(损失)两个方面,目前此定义已是国际最具代表性和权威性的地质灾害风险的基本定义(殷坤龙等,2003)。国内学者马寅生等(2004)认为,地质灾害风险评估是对风险区发生不同强度地质灾害活动的可能性及其可能造成的损失进行定量化的分析与评估。

地质灾害风险评估当前已成为国际减灾防灾战略的重要组成部分(Dai 等,2002),21 世纪以来,滑坡风险管理的推广应用在国际上已经成为热点问题。尽管在地质灾害风险评估与管理中还有很多难题亟待解决,但是国内外学者都在努力探索研究(Van 等,2008)。

1996 年,Jefferries 等提出用 Sayesian 进行风险概率的评价方法;2000 年,Johnson 等运用 GIS 技术平台,在崩塌、滑坡、泥石流地质灾害预测中,把危险性、易损性及风险评价作为一个整体进行研究(胡浩鹏,2007)。Aleotti(1999)利用灾害危险性评价结果,结合受灾对象的易损性评价,做出半定量的全区风险区划系列图。Bell 和 Glade(2000)通过考虑人类、建筑物和处于建筑物中的人类在特定灾害强度下的脆弱性,绘制了冰岛滑坡风险图。

国内方面,张梁、殷坤龙等开展了"全国地质灾害风险区划"研究(殷坤龙等,2002)。该项目提出了一套地质灾害风险评价与区划的理论方法,相应建立了指标体系、模型、方法和应用技术,实现了对地质灾害风险的定量化评价与区划,为全面开展我国市(县)级地质灾害风险区划提供了科学示范。

魏风华(2006)以唐山市为例,构建了风险评价模型,研究了受地质灾害影响人类可能造成的伤亡,物质财富、土地资源可能造成的损失,这是全国首次在小区域范围内开展的地质灾害风险计算研究。胡浩鹏(2007)采用基于 AHP 可拓综合评判法模型,对北京泥石流灾害风险性进行了评估。杜军等(2009)在汶川基于 GIS 与 AHP 技术进行了震后次生地质灾害的风险评估研究。

吴树仁等(2009)从地质灾害风险评估的目的、基本原则等方面,总结提出了地质灾害风险评估技术指南,为国内地质灾害风险评估提供了基础技术支撑;认为地质灾害风险评价的难点是危险性和易损性评价,需要重点分析的是地质灾害的综合危险性和后果,而危险性评价的难点是强度和频率的定量化评价,易损性评价的难点则是定性分析评估,关键是从定性分析的角度确定易损性的定量值,使其更具有代表性、更合理。

何淑军(2009)以陕西宝鸡渭滨区为研究区,运用定性分析与综合信息量模型、因子权重叠加模型相结合的评价方法,开展了地质灾害易发性、危险性和风险评估区划研究。孟庆华(2011)提出了山区环境条件下,基于不同比例尺的地质灾害风险评估技术方法,在陕西省凤县实例研究中,基于承灾体价值统计及其易损性评价,对研究区内的崩滑、泥石流等地质灾害分别进行了人员和财产社会风险的估算,在此基础上对区内地质灾害综合风险等级进行了划分。

4 地质灾害数据仓库设计

§4.1 数据仓库体系结构及设计阶段

4.1.1 数据仓库的体系结构

数据仓库技术是为了有效地把操作型数据集成到统一的环境中,以提供决策型数据访问的各种技术和模块的总称。所做的一切是为了让用户更快、更方便地查询所需要的信息,提供决策支持。地质灾害数据仓库的基本体系结构如图 4-1 所示。

数据仓库的体系结构可以大致分为三个关键部分:数据获取、数据存储和数据访问。这三个部分所对应部分为后端层、数据仓库层和前端用户层。后端层由 ETL(Extract、Transform、Load 的缩写,即数据的抽取、转换、装载过程)工具组成(见第 6 章),用来从操作型数据库和其他数据源传回数据。数据装载到数据仓库之前,运行所有的数据集成和转换过程,是数据库和数据仓库之间的媒介体。数据仓库层由大型数据仓库和元数据知识库组成。元数据库存储数据仓库和其内容信息。前端层处理数据分析和展示,包括像 OLAP 工具、报告工具、统计工具和数据挖掘工具等客户端工具。

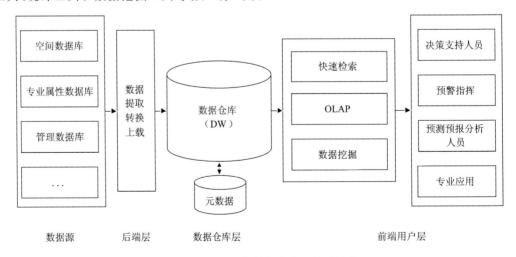

图 4-1 地质灾害数据仓库的体系结构

4.1.2 数据仓库的设计阶段

数据仓库的设计和数据库的设计有很大的不同之处(关文革等,2004),但数据仓库的设计可以遵循传统数据库的设计阶段完成(Elzbieta,2008),如图 4-2 所示。然而,数据仓库和数据库的每个设计阶段间存在显著的区别,整个过程是连续的,但在实际过程中可能是反复迭代的过程。

图 4-2 数据仓库的设计阶段

需求规格说明和概念模型设计这两个阶段是关键,因为它们可以大大影响到用户对系统的接受程度。事实上,这两个阶段确定现实世界和软件世界之间的关系,即用户需要和模型系统将会提供的之间是否适当。逻辑和物理模型设计是更技术性的阶段,即将前一阶段取得的概念模式成功地转换到面向某一数据仓库工具实现结构执行结果的过程。

有三种不同的方式可以进行需求规格说明:用户驱动、业务驱动和数据驱动。不同的需求规格说明方式对应的分析内容也不一样。地质灾害数据仓库的建设采用"数据驱动"的系统设计方法。"数据驱动"的方法就是数据仓库的模式主要由分析下层数据源系统获得(Elzbieta,2008)。

操作型系统和 DSS 系统的开发生命周期之间的主要区别是,前者的开发生命周期特点是开始于需求,结束于代码;而后者的开发生命周期的特点则是开始于数据,结束于需求。

在操作型环境中,系统的设计一般采用系统生命周期法(SDLC,System Development Life Cycle)。而在分析型环境中,DSS 人员的决策分析需求只是抽象模糊的描述,为突出这种需求不准确的开发过程,数据仓库的设计采用 CLDS 方法(逆向 SDLC)(于宝琴等,2007),如图 4-3 所示。

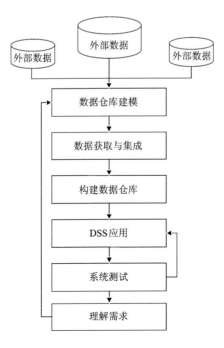

图 4-3 逆向 SDLC 流程图

地质灾害数据仓库的建设采用"数据驱动"的系统设计方法,其思路包括如下三个方面(关文革等,2004;于宝琴等,2007)。

(1)基于原有数据库之上的。利用已经建立的数据库进行数据仓库的建设,要尽量利用已有的数据和代码,而不是从头开始,这是数据驱动思想的出发点。

(2)不再强调面向应用,而是面向主题。数据仓库的设计是从已有的数据库系统出发,按照业务领域的要求,重新考察数据之间的联系,以组织数据仓库中的主题。

(3)利用数据模型,识别原有数据库中的数据。基于数据驱动的数据仓库设计的详细过程如图 4-4 所示。大致可分为需求规格说明、概念模型设计、逻辑模型设计和物理模型设计 4 个阶段。在需求规格说明阶段,要识别能为分析目标提供数据的源系统,确定业务的主题域。概念模型设计阶段须根据数据分析推导出事实、度量、维和层次,并设计初步的概念多维架构。在逻辑模型设计阶段要将概念模型设计阶段完成的概念多维架构转换为逻辑架构,并定义 ETL 过程、设计映射和转换。物理模型设计阶段执行数据仓库架构,执行 ETL 过程,并从存储结构、分区、索引和实体化视图设计等方面对数据仓库性能进行优化。

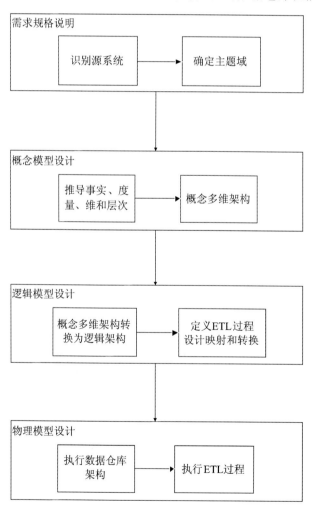

图 4-4 数据驱动的数据仓库设计流程(据 Elzbieta,2008 修改)

§4.2 需求规格说明

4.2.1 识别源系统

数据仓库中的数据来自于操作型数据库,包括各类空间数据、专业属性数据和管理数据。分别存储在"地质灾害大调查数据库""专业监测数据库""群测群防数据库""地质灾害数据库"和"监测预警数据库"等操作型数据库中。不同的数据库上层都有对应的应用系统,完成对滑坡时间、空间和时空综合的预测预报研究。目前,各种操作型数据库已逐步统一为 Oracle 数据库平台。操作型数据库系统的概念模型结构可以通过数据库建模软件 Power Designer 的反向工程功能得到。

4.2.2 确定主题

主题是一个较高层次上将数据归类的抽象,每一个主题基本对应一个宏观的分析领域,满足该领域决策分析的需求。主题是根据数据分析的需求来确定的,与按照数据处理或应用的要求来组织数据是不同的。

根据数据源的分析,可以得到长江三峡库区地质灾害数据仓库的主题:区域地质灾害预测预报、移民新城区地质灾害预测预报、单体地质灾害预测预报、涌浪预测预报、治理工程评估、监测预报、预警决策支持与应急指挥等。

(1) 区域地质灾害预测预报。在选取区域不同尺度易发性评价指标的基础上,结合近期气象、库水位变化、遥感等信息,对指定区域的危险性及变化趋势进行评价,为地质灾害预警、土地规划利用等工作提供依据。

(2) 移民新城区地质灾害预测预报。这是一种特殊区域地质灾害预测预报,由于移民新城区人口、建筑、交通设施、水电气通讯线路及管道密集,地质灾害预测预报及决策分析十分复杂,社会影响极大,除考虑灾害发生的危险性外,还需更多地考虑风险性。

(3) 单体地质灾害预测预报。对相对独立的地质灾害点(体)预测预报。对不同斜坡结构类型、物质组成、破坏机理以及不同诱发因素作用下的地质灾害体进行分类探讨,研究已有预测预报模型对于不同类型灾害体和不同诱发因素条件的适用性,并利用动态监测数据做到地质灾害体变形趋势和临滑破坏时间的实时预测及综合预报,为灾害管理部门的预警决策和应急指挥提供依据。它包括滑坡稳定性评价、滑坡时间预测预报主题等二级主题。

(4) 涌浪预测预报。对涌浪产生的灾害进行预测预报。以区域、新城区危险性区划及典型灾害点预测预报结果为基础,确定危险性较大的灾害体。根据监测和调查资料,获得库水、降雨变化所引起渗流场、应力场和位移场的变化,通过与数值模拟所得滑坡渗流场等的比较,对计算滑坡涌浪存在影响的参数进行校正,以此准确预测未来的渗流场和位移场,并依据数学模型对滑坡失稳的滑速、入江方量和分析单体灾害点产生涌浪灾害的过程、规模进行计算,为应急预案制订过程中灾害影响破坏范围及破坏强度的确定提供依据。

(5)治理工程评估。对区域内施工的地质灾害治理工程效果等进行分析评估。充分利用已有的地质灾害体多维、多时态信息,特别是在工程监测成果分析的基础上,对前期完成的工程效果进行评估,提出合理的治理方案和工程布局,进而选择合理的工程手段。

(6)监测预报。以灾害体、库岸段或单体高切坡为单位,进行监测并获取动态监测数据,在数据分析处理后依照相应的模型进行地质灾害体变形趋势和临滑破坏时间的实时预测及综合预报。

(7)预警决策支持与应急指挥。通过险情报警,如实记录报警信息,使得领导等各级相关人员了解当前出现哪些新的险情,并安排险情核查工作,直接为上层的"预警决策支持与应急指挥系统"提供数据支持。

§4.3 概念模型设计

在概念模型设计阶段要考虑两个重要的方面:①推导事实、度量、维和层次;②确定初步的概念多维架构。

数据仓库的设计方法是一个逐步求精的过程,在进行设计时,一般是一次一个主题或一次若干个主题逐步完成的。本书将以区域预测预报主题和监测预报主题为例,逐步推导主题内的事实、度量、维和层次,其他主题不再一一叙述。维和层次的推导过程可以是自动的、半自动的或手动的三种。自动的和半自动的方法根据数据源的概念模型识别事实或维,例如从概念模型中表与表之间的一对多或多对一的关系来推导事实和相关的维。而手动的方法则需要设计人员了解操作型数据库的数据和对业务领域知识的深入理解(Elzbieta,2008)。根据对数据源分析了解,决定采用手动推导方式推导。

4.3.1 区域预测预报主题

区域地质灾害预测预报的主要目的是基于数据仓库和数据挖掘技术,在选取区域不同尺度易发性评价指标的基础上,结合近期气象、库水位变化、遥感等信息,对指定区域的危险性及变化趋势进行评价,为地质灾害预警、土地规划利用等工作提供依据。

数据源可分为以下几个类别:

(1)区域1∶1万(或1∶5万)地形图、灾害地质图、地质灾害立体图、坡度坡向分布图、遥感影像图、遥感解译结果、植被及其他覆盖分布图、土地利用图。

(2)区域内潜在不稳定地质灾害点(体)的大比例尺综合地质图、监测点分布图、治理工程分布图、地质剖面图、灾害体三维立体图,以及地质环境因素,主要动力因素,崩滑体外貌、滑面、滑体特征、崩滑体体积,变形形迹、发育阶段,稳定性评价结果,监测结果、监测历时曲线等有关数据。

(3)气象资料,特别是近期降雨资料。

(4)人文经济资料,包括区域内人口、建筑、企业、交通分布情况、通信、水、电、气管道分布情况等。

(5)涌浪预测计算数据。

(6)各灾害点(体)预警预案。

(7)现场动态或应急监测数据(包括现场镭射扫描数据)及应急治理工程数据。

(8)区域内各级监测机构(包括专业监测、群测群防)负责人、责任人、监测人的通讯录,相关中央、省市、县区主管地质灾害防治领导及相关部门的负责人通讯录,有关地质灾害防治专家通讯录。

(9)有关政策法规、规范、规定。

4.3.1.1 数据层次分析

Cees 等(2008)对滑坡敏感性、危险性、易损性评价中所用的空间数据进行了归类和分析,主要数据层可以划分为 4 个部分。

(1)滑坡编目数据:包括滑坡编目、滑坡活动和滑坡监测。滑坡编目是指一个地区滑坡的详细目录,包括滑坡的地点、分类、失稳机制、引起的因素、发生的频率、体积、活动、发生日期和造成的损害等。为呈现滑坡活动信息,滑坡编目数据库需要有大区域的多时态的滑坡信息。

(2)环境因子:指被认为对滑坡发生有影响的数据层,作为滑坡因子用于对未来滑坡的预测,包括 DEM、坡度/坡向、汇流累积量、地层岩性、构造、断层、斜坡水文、土壤类型、土壤深度、土地利用类型和土地利用变化等数据层。要根据滑坡的类型、失稳机制、分析的尺度和研究区的特点来选择致滑坡因子。

(3)诱发因子:指具有突发性,能在很短时间跨度内引发滑坡发生的事件,包括暴雨、地震目录、蒸发损失和地面加速等数据层。

(4)承灾体:指区域内受滑坡灾害潜在威胁的事物,包括建筑物、交通网点、生活线、基础设施、人口数据、农业数据、经济数据和生态数据等数据层。所有数据可分为近似静态的和需定期更新动态的两类。地质、土壤类型、地形地貌相关的数据集都属于近似静态数据,更新周期很长。滑坡信息需要不断更新,其他动态数据的更新周期范围可以从几小时至几天(如气象数据及其对斜坡水文的影响),也可以是几个月至几年(如土地利用和人口数据)。土地利用可依据当地土地利用的动态变化,更新频率可以是 1~10 年。土地利用信息不仅作为环境因子决定新滑坡的发生,而且也是受滑坡威胁的承灾体,需要慎重评估。

在数据类型分析的基础上,滑坡灾害空间数据概念层次模型如图 4-5 所示。

图 4-5 中的"全体"表示所有的概念,包括的子类有滑坡灾害概念和元数据。滑坡灾害概念是指滑坡灾害预测预报知识领域里的所有概念。元数据是描述数据的数据,包含的概念和数据库内特定数据项文档相关。滑坡灾害概念和元数据之间有可选的或多对多的联系,即任何数据对象有关联的元数据,而且任何元数据对象也可能关联多个数据对象。

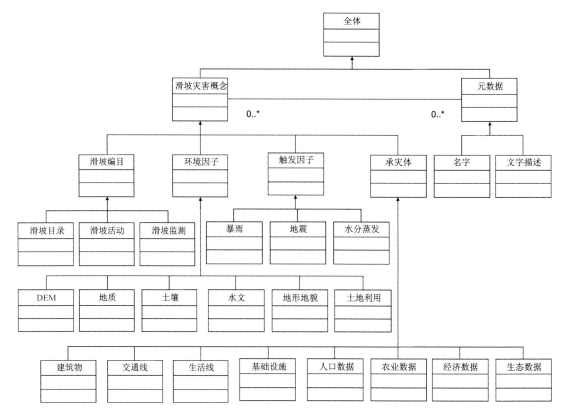

图 4-5 滑坡灾害空间数据概念层次模型图

4.3.1.2 确定事实和度量

如前所述,滑坡灾害区划可以按区域的、局部的和特定的场地三个不同范围展开。不同的研究范围,区划研究的目的和着重点也不尽相同。本书只研究比例尺在 1∶1 万～1∶5 万区域范围内的滑坡灾害区划,在这一范围内的区划研究主要以滑坡敏感性区划为主,因此可以确定滑坡敏感性区划事实。

滑坡敏感性区划主要是通过滑坡灾害现象的发生和各影响因素之间定性、定量的统计关系,确定影响滑坡发生的主要因素。如果不考虑滑坡灾害诱发因子,滑坡灾害敏感性分析就是滑坡灾害发生概率的研究,即滑坡发生的概率由已知滑坡和滑坡内在因子这些自变量来决定。分析过程中,我们可先假定已知滑坡和滑坡内在因子为度量。下面对已经确定的度量加以描述。

(1)已知滑坡。对于区域性滑坡灾害空间预测而言,其重要的理论基础是工程地质类比法,即类似的滑坡工程地质条件及组合应具有类似的斜坡不稳定性和可能的滑坡作用。确定已有滑坡的范围,编绘滑坡分布图,是一项必要的工作内容。对于已知滑坡的表示一般有存在和不存在两种状态,也可由数值 1 和 0 表示。

(2)工程地质岩组。岩土体的性质是斜坡稳定性的控制性要素。在滑坡调查的实践中,尤其是区域滑坡研究中,基础地质资料往往是地质图,一般按照地层时代和成因类型进行划分,而不是工程地质意义上的工程岩土体类型,所以在考虑岩性及其组合关系时,要综合岩土沉积环境、结构组合特征及其工程特性,将各个地层划分为相应的工程地质岩组类型。工程地质岩组一般有松散堆积、软质岩、软硬相间和硬质岩等类型,在应用模型分析时,可用数值分别代表不同的工程地质岩组类型。

(3)斜坡结构类型。斜坡结构类型是指在层状岩体组成的斜坡中,根据边坡基岩类型、地层产状与斜坡坡向、坡度的组合关系将不同基岩类型的边坡划分为:顺向坡(岩层倾向与坡向交角<30°),其中顺向坡包括地形坡度小于地层倾角(伏倾坡)和大于或等于地层倾角(飘倾坡)两类,顺斜坡(岩层倾向与坡向交角在 30°~60°)、横向坡(岩层倾向与坡向交角在 60°~120°)、逆斜坡(岩层倾向与坡向交角在 120°~150°)、逆向坡(岩层倾向与坡向交角大于150°)6 种边坡结构类型。斜坡结构类型对斜坡的稳定性具有重要的控制作用。一般来说,横向直交坡最为稳定,逆斜坡和顺斜坡次之,而顺向坡对斜坡的稳定性尤为不利。在应用模型分析时,可用数值分别表示不同斜坡结构类型。

(4)构造。构造对斜坡的稳定性也有一定的影响。断层的存在,主要是断层带及其附近一定范围内的岩土体将遭到破坏,从而降低斜坡的完整性程度,同时作为重要的地下水通道,对斜坡的变形和破坏也必然带来不可避免的不利影响。褶皱引起大范围的岩层产状的变化已经在斜坡结构类型中得到了体现,因而考虑其对斜坡结构类型的影响也主要是鉴于其对岩土体完整性的破坏和为地下水提供了运营通道。当然现代活动构造引起附近岩体内部的地应力状况的改变也是不容忽视的。特别是在活动断层附近的斜坡稳定性评价中更应给予应有的重视。构造对滑坡的影响一般用两者间的距离来分类,按大小可分别取 1km、2km、3km、4km 和 5km 的缓冲区(王志旺等,2007)。

(5)坡度。坡度是滑坡发生的一个主要因素,它与土层厚薄、气候条件、水文条件、岩性条件等许多因素密切相关。坡度对滑坡具有较为显著的控制作用,坡度不同,不仅会影响斜坡内部已有的或潜在的滑动面的剩余下滑力的大小,还在很大程度上确定了斜坡变形破坏的形式和机制。它包括陡峭坡(坡度大于 45°)、陡坡(坡度介于 30°~45°之间)、缓倾坡(坡度介于 15°~30°之间)和平缓坡(坡度小于 15°)等类型。

(6)高程。高程有利于分类地表起伏和定位地面海拔最高点与最低点。一般按等距方式对高程值分类后,统计不同类别内滑坡的密度(Lulseged 等,2005)。

(7)地表河流。地表河流对斜坡坡脚的冲刷掏蚀作用主要表现在河流凹岸的侵蚀、凸岸的堆积作用。正是由于河流掏蚀坡角产生了众多的临空面,致使大量滑移控制面得以暴露,才使得长江三峡库区滑坡如此发育(高克昌等,2006)。可通过统计滑坡与距河流距离之间的关系确定分类。例如,经过统计分析发现在 250m 距离内河流对滑坡发生有影响,250m 以外无影响。因此可将河流对滑坡发生的作用分为两类:>250m 和≤250m 两种类型。

(8)植被。植被状况和类型对斜坡稳定性具有一定的影响作用,不仅可以大幅度减少坡面破坏,其根茎还具有一定的根固作用,同时植被的存在还有利于减缓坡面水流的流动速度。反之,在山区植被的发育类型能够反映滑坡的分布,在很大程度上有利于滑坡的目视解译。植被类型可分为裸地、草地、含草低矮灌丛、低矮灌木、含草高灌丛、高灌丛、林地、其他类型等类别。

(9)土地覆盖。土地覆盖是对一个地区土地利用状况的客观反映,可以通过遥感影像的分类解译获得,作为在难以获取土地利用数据时的替代数据。

(10)公路。在兴修铁路、公路时都涉及挖填斜坡的问题,二者必将使坡体内部应力状态发生重新分配。在坡体内部形成应力降低和应力增高区,进而引起岩体松动垮塌(高克昌等,2006)。分类方法与地表河流类似。

(11)坡向。坡向的影响主要表现为山坡的小气候和水热比的规律性差异。阳坡由于沟谷比阴坡发育,山坡陡而短,因此,阳坡比阴坡易于发生滑坡。阳坡岩体风化破碎,易发生基岩崩滑;阴坡土层厚,易发生土地坍滑;阳坡易于泥石流爆发和基岩崩滑,阴坡土体保水,易于浅层坍滑(高克昌等,2006)。坡向按北、北东、东、南东、南、西南、西、北西划分为8个类别。

(12)地表曲率。地表的主要特征为坡度、坡向和曲率。地表曲率是地表的二次导数,也就是坡度的变化率,它直接影响地表径流的汇集。一般的地表曲率在-0.5~0.5之间,陡峭的地表曲率在-5~5之间(白世彪等,2005)。

4.3.1.3 确定维和层次

滑坡是一个集合概念,不同地质环境背景下孕育发生的不同成因机制的滑坡(黄润秋等,2004),因此在滑坡预测研究中要区分不同的滑坡类别。另外,不同比例尺下的区域滑坡预测所选取的影响因子和栅格网格的大小不一样,所以,滑坡类型、研究区的范围和比例尺的大小都是滑坡敏感性分析必须要考虑的方面。在分析过程中,我们可以先假定滑坡类型、研究区的范围和比例尺的大小为维,因为区域地质数据的更新周期较长,所以设计中暂时没有考虑时间维度。下面对已确定的维和层次做如下描述。

(1)滑坡类型维。刘广润等(2002)在广泛查阅和总结国内外滑坡分类的基础上,以滑坡监测预报与防治为目的,遵从滑坡活动各要素的地位与作用,根据分类体系的完备性需要,建立了具有层次系统性、综合性滑坡分类体系。如图4-6所示,将滑坡分类归纳为三大系列:按滑体特征分类、按变形动力成因分类和按变形活动特征分类。滑体特征分类包括滑体组构分类和滑坡规模分类,反映滑坡自稳条件。变形动力成因分类包括天然动力分类和人为动力分类,反映对破坏斜坡稳定性、引起滑坡的环境条件。变形活动特征分类包括斜坡变形与运动特征和发育时程分类,反映滑坡活动状态和演化进程。这三大系列的分类全面反映了斜坡变形破坏的内在条件、外在条件、活动状态和演化过程。

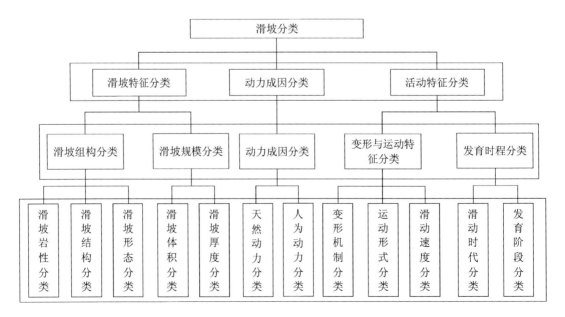

图4-6 滑坡分类(据刘广润等,2002)

张振华等(2006)将滑坡体按"类""型""式""性或期"进行分类,其中滑体组构按"类"进行分类,动力成因按"型"进行分类,变形运动特征按"式"进行分类,发育阶段按"性或期"进行分类。采用该滑坡分类体系,得到了长江三峡库区水库滑坡分类体系,如图4-7所示。根据长江三峡库区水库滑坡分类体系,可对滑坡类型进行判断,例如:长江三峡库区八字门滑坡的滑坡类型为复活性牵引式水库型土质岩床类滑坡;大石板滑坡(含台子角)为复活性孕育期渐进推移式降雨型土质岩床类滑坡。

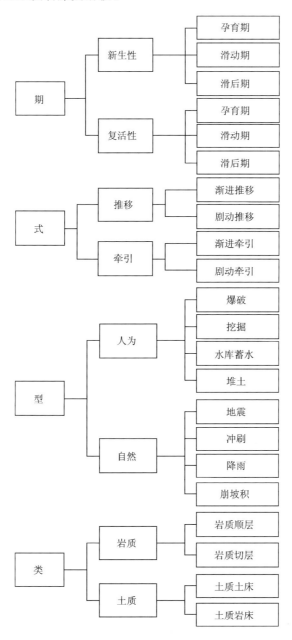

图 4-7 滑坡分类(据张振华等,2006)

综上所述,滑坡的类型可由"类""型""式""性或期"4个要素组合得到。在实际的分析过程中,我们可以从这 4 个角度分别考虑滑坡的类型,即级别之间从低到高有多个层次:①类型→期→性;②类型→式;③类型→型;④类型→类,如图 4-8(a)所示。

(2)比例尺维。滑坡敏感性分析的适宜范围可以从区域到局部,比例尺规模从小到大。不同的数据精度所划分的格网大小也不相同,可以由经验公式(4-1)计算(李军等,2003):

$$G_S = 7.49 + 0.0006S - 2.0 \times 10^{-9} S^2 + 2.9 \times 10^{-15} S^3 \tag{4-1}$$

式中:G_S 为适宜格网大小;S 为原始等高线数据精度的分母。由前述数据源的分析中可知,长江三峡库区滑坡敏感分析的比例尺范围包括中比例尺 1:5 万和大比例尺 1:1 万两种。由此可以确定比例尺维的层次:比例尺→规模,如图 4-8(b)所示。

(3)地区维。以长江三峡库区为例,区域覆盖范围广,包括湖北省宜昌、秭归、兴山、巴东和重庆市巫山、巫溪、奉节、云阳、万州、开县、忠县、丰都、石柱、涪陵、武隆、长寿、渝北、巴南、重庆市区和江津市共 20 个县(市、区)。库区范围为东经 105°44″~111°39″,北纬 28°32″~31°44″,总面积 5.67×10⁴km²,其中淹没陆地面积 600km²。地区的划分以行政区划为主,每个研究区再按不同比例尺确定不同尺寸的网格大小,由此可以确定地区维的层次:县市→省→库区,如图 4-8(c)所示。

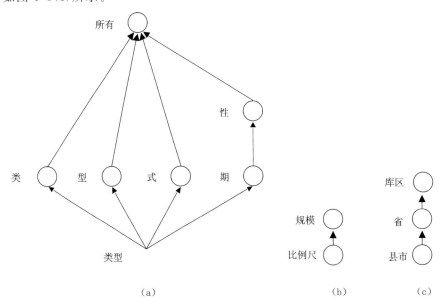

图 4-8 维属性的概念层次

(a)滑坡类型维;(b)比例尺维;(c)地区维

4.3.1.4 概念多维架构

通过对源系统中数据的分析和事实、度量、维和层次的推导过程,可以初步确定多维架构。图 4-9 为滑坡敏感性分析多维架构,包括滑坡敏感性分析事实及其相关的地区维、比例尺维和滑坡类型及它们的层次。

4 地质灾害数据仓库设计

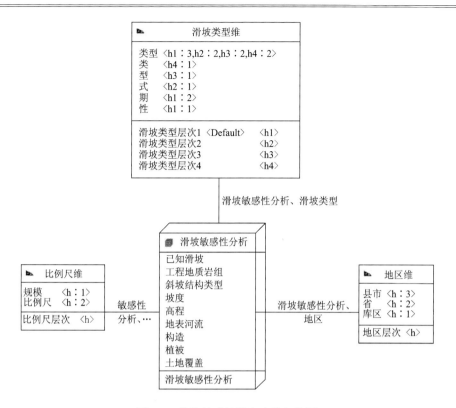

图 4-9 滑坡敏感性概念多维架构图

4.3.2 监测预报主题

滑坡监测预报的主要目的是对不同斜坡结构类型、物质组成、破坏机理以及不同诱发因素作用下的地质灾害体进行分类探讨，并利用动态监测数据做到地质灾害体变形趋势和临滑破坏时间的实时预测及综合预报，为灾害管理部门的预警决策和应急指挥提供依据。

数据源可分为以下几个类别：①全库区施行专业监测、群测群防的灾害点分布图；②监测灾害点(体)特征及地质(包括灾害地质平面图、剖面图、钻孔柱状图、岩土采样及分析结果等)，地貌，人为经济等环境特征；③各灾害点的监测点分布图，监测方法、监测仪器、监测仪器建设档案、监测记录、监测曲线，监测月报、季报、年报、专报等。

4.3.2.1 数据层次分析

对滑坡监测历史数据分析，有利于发现滑坡发生的模式，从而进一步预报滑坡发生的时间。目前所开展的滑坡灾害监测的主要信息对象则是滑坡位移场。滑坡位移及其影响因素的监测数据是两类相对独立的随机样本，目前常用时间序列分析模型解析其响应关系。郝小员等(1999)根据对边坡变形发展过程的位移数据分析，认为滑坡位移观测数据时间序列包括趋势项、周期项和随机项。其中趋势项由边坡土体的蠕变特性所决定，即滑坡变形破坏严格受内在发展规律的控制。周期项可以理解为温度、降雨等因素影响的结果，反映了滑坡发展过程中位移的周期变换波动。两者叠加就是边坡变形位移的发展趋势的最主要因素，是决定边坡稳定的主导。而随机项可以认为是因突发性因素影响而产生的，如突发性暴雨、地震、人工活动等，反映了边坡变形的一些随机变化。杜娟等（2009）认为滑坡位移的产生及变化是坡体自身地质条件和外部诱发条件共同作用的结果，因而其位移总量可以按照各影响因素作用形式的不同分解为不同的响应成分，包含4种成分：趋势项、周期项、脉动项和不确定的随机变量。三峡库水位作为脉动项因素，因其体现较好的周期性特征，所以可作为周期性因子考虑。综上所述，滑坡位移观测数据时间序列包括趋势项、周期项和随机项。在进行滑坡监测时间序列数据分析时，应掌握其特点并理顺其数据概念层次，如图4-10所示。

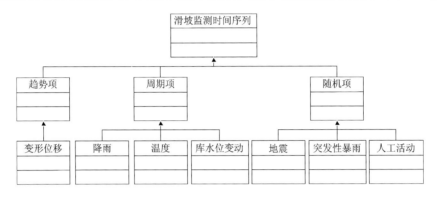

图4-10 滑坡监测时间序列概念层次

4.3.2.2 确定事实和度量

目前所开展的滑坡灾害监测的主要信息对象是滑坡位移场。采用位移场与降雨量等外部因素实时监测相结合，使滑坡灾害时间预测预报具有更高的准确度，因此可以确定滑坡位移监测事实。

度量通常是一个数值型属性，在聚合函数的作用下沿着维层次由粗到细进行聚集或汇总（鲍玉斌等，2009）。滑坡预测方法大都通过历史位移监测数据的分析拟合来外推下一阶段的变化趋势，滑坡位移的变化除与其基础地质条件相关之外，更取决于诱发因素的动态作用。分析过程中，我们可先假定滑坡监测收集到的滑坡位移量和诱发因素值为度量。下面对已经确定的度量描述如下。

（1）变形位移量。由边坡的势能和约束条件决定，一般是时间的递增函数。监测的方法有GPS监测和深部位移钻孔斜监测，其中GPS监测属外观监测、深部水平位移监测属内观监测。位移量的值可由仪器自动记录得到。

（2）降雨。降雨主要通过以下4个方面的机制来诱发滑坡的发生：①大量的地表水渗入岩土体使其质量增加，增大了滑体的下滑力，渗入的水使岩土体被软化、潜蚀，导致其抗剪强度降低；②降雨期间或降雨之后斜坡岩土体内空隙水压力的升高使得潜在滑动面上的有效应力及抗剪强度都降低；③干湿交替导致岩土体开裂，产生了大量的裂隙，使更多的水进入岩土体，加速了滑坡的发生；④降雨使地下水位升高，升高的地下水位对岩土体产生浮托力。滑坡发生的概率和滑坡数量不仅与降雨量的大小成正相关关系，而且与滑坡发生的当天降雨及前期降雨特征关系密切(张玉成等,2007)。

(3)温度。像昼夜温差这样的自然环境周期变化也影响滑坡的位移波动(杜娟等,2009)。

(4)库水位变动。三峡水库蓄水后,汛期防洪限制水位为145m;非汛期正常水位在145~175m之间变化,最高水位175m,水位变幅30m。水库水位抬高的重要水环境影响是造成库水补给地下水,并使地下水水位上升。在水位大幅度涨落的条件下,岸坡部分岩土体周期性处于疏干和饱水交替的状态,地下水时而受库水补给,时而排出,地下水位也作相应涨落。库水位和地下水位的抬升及周期性涨落,将大大改变岸坡的应力平衡状态,岸坡破坏向后扩展,将对整个滑坡的稳定性产生重大的影响(胡本涛等,2007)。

(5)地震。地震对滑坡的影响主要是,由于地震动的往复运动对边坡造成的附加力,破坏了边坡的平衡条件从而导致崩滑发生。边坡附近的地震动加速度记录直接反映了地震动对于边坡作用力大小的变化,根据边坡受力情况对其进行稳定性分析,其物理意义非常明确(王秀英等,2010)。

(6)突发性暴雨。暴雨除对滑坡表面土体造成冲刷外,雨水渗入裂隙及潜在滑面,将导致滑面软化,力学性质降低,并可能由于相对隔水层而导致水体滞留,形成高压水动力,从而导致滑坡体变形加剧(胡本涛等,2007)。

(7)人工活动。如果人工结构带与某种侵蚀基准面或人工基准面接近,则有可能形成人工岩土滑坡系列,如路堤滑坡、水库路堤或土坝滑坡等(晏同珍等,2000)。

4.3.2.3 确定维和层次

滑坡预测研究中要区分不同的滑坡类别。根据不同的滑坡分类,相应的监测内容和监测仪器也不尽相同(张振华等,2006)。在分析滑坡监测时间序列的特点,并考虑滑坡孕育的复杂性和滑坡监测系统的有效性的基础上,可确定滑坡位移监测事实的维有滑坡类型维、时间维、监测点维和监测类型维等,下面对已确定的维和层次作如下描述。

(1)滑坡类型维。与滑坡敏感性分析事实中的滑坡类型维相同,不再叙述,如图4-11(d)所示。

(2)时间维。滑坡位移监测数据是时间序列数据,时间记录的格式为:yyyy-mm-dd。监测数据可按日期、月份、季度和年份的视角分析,因此可确定时间维的级别日期、月份、季度和年份,相应的时间层次:日期→月份→季度→年份,如图4-11(b)所示。

(3)监测点维。有监测点、滑坡体、村、镇、县等级别和相应的监测点层次:监测点→滑坡体→村→镇→县,如图4-11(c)所示。

(4)监测类型维。目前长江三峡库区专业监测已使用的滑坡监测仪器有GPS双频接收机、固定式钻孔倾斜仪、移动式钻孔倾斜仪、相对位移计、滑坡推力监测系统、孔隙水压力监测仪和水位监测仪等。位移监测内容包括:地表水平位移监测(GPS双频接收机)、地表垂直位移监测(GPS双频接收机)、深部水平位移监测(钻孔倾斜仪)。GPS监测属外观监测、深部水平位移监测属内观监测,两者需要结合人工巡查进行综合分析,才能了解滑坡变形的规律,而且需要降雨、地下水和库水位等监测资料进行系统分析,才能得到滑坡变形的"因"。GPS数据,其水平向和垂直向位移应该分别分析,然后再综合分析,可能会更有意义。因此可以确定监测类型维的级别有监测类型、监测方法、监测仪器、监测内容,相应的层次:监测内容→监测仪器→监测方法→监测类型,如图 4-11(a)所示,滑坡监测系统的具体内容可参见张振华等(2006)。

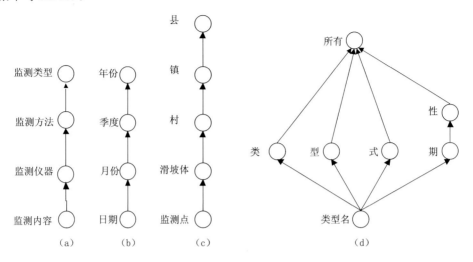

图 4-11　维属性的概念层次

(a)监测类型维;(b)时间维;(c)监测点维;(d)滑坡类型维

4.3.2.4　概念多维架构

通过对源系统中数据的分析和事实、度量、维和层次的推导过程,可以初步确定多维架构。图 4-12 为滑坡位移监测概念多维架构,包括滑坡位移监测事实及其相关时间维、监测点维、监测类型维和滑坡类型维及它们的层次。

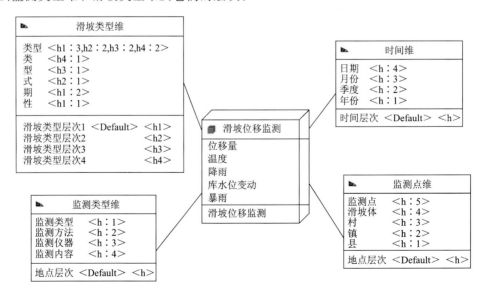

图 4-12　滑坡位移监测概念多维架构图

§4.4 逻辑模型设计

在逻辑模型设计阶段要考虑两个重要的方面:①将概念多维模型转换为逻辑模型;②定义 ETL 过程,设计映射和转换过程。

本节主要介绍模型转换,ETL 的设计和实现在第 6 章介绍。

有几种不同的方式执行概念多维模型到逻辑模型多维模型的转换,这取决于数据立方的存储方式:关系 OLAP(ROLAP)、多维 OLAP(MOLAP)和混合 OLAP(HOLAP)三种(韩家炜等,2006;Elzbieta,2008)。

在 ROLAP 中,数据仓库的逻辑表示一般基于使用特定结构的关系数据模型,常用的有星型和雪花模式。

(1)星型模式。包括一个大的、包含大批数据、不含冗余的中心表(事实表);一组小的附属表(维表),每个维一个。这种模式图很像星星爆发,维表围绕中心表显示在射线上。

(2)雪花模式。雪花模式是星型模式的变种,其中某些维表是规范化的,因而把数据进一步分解到附加的表中。结果,模式图形成类似于雪花的形状。

雪花模式和星型模式的主要不同在于:雪花模式的维表是规范化形式,以便减少冗余。这种表易于维护,并节省存储空间,因为当维结构作为列包含在内时,大的维表非常大。然而,与巨大的事实表相比,这种空间的节省可以忽略。此外,由于执行查询需要更多的链接操作,雪花结构可能降低浏览的性能,这样系统的性能可能相对受到影响。因此,在数据仓库设计中,雪花模式不如星型模式流行。

出于多维模型结构的简洁性和查询的性能两个方面的考虑,在设计滑坡敏感性事实和滑坡位移监测事实时采用星型模式。接下来使用 SQL 2003 标准定义事实及相关维的关系表。

4.4.1 滑坡敏感性事实

(1)维表。每个维表包括维的每个级别,每个级别有 ID 和 Name 属性。表名和维或事实名之间的对应关系见表 4-1。

表 4-1 滑坡敏感性事实中表名和维/事实名的对应关系

表名	维/事实名
LandslideType	滑坡类型维
Scale	比例尺维
Region	地区维
LandslideSA	滑坡敏感性事实表

Create table Landslide Type(
类型 ID integer primary key,

类型名 character varying(40),
类 ID integer,
类 character varying(20),
型 ID integer,
型 character varying(20),
式 ID integer,
式 character varying(20),
期 ID integer,
期 character varying(20),
);
Create table Scale(
比例尺 ID integer primary key,
比例尺 character varying(20),
规模 ID integer,
规模 character varying(20),
);
Create table Region(
县市 ID integer primary key,
县市 character varying(10),
省 ID integer,
省 character varying(10),
库区 ID integer,
库区 character varying(10),
);
(2)事实表。事实表是中心表,包括度量和与相关维链接的外键。
Create table LandslideSA(
Landslide_FKEY integer,
Scale_FKEY integer,
Region_FKEY integer,
已知滑坡 integer,
工程地质岩组 integer,
斜坡结构类型 integer,
距断层距离 integer,
距褶皱距离 integer,
坡度 integer,
高程 integer,
地表河流 integer,

植被 integer,
土地覆盖 integer,
坡向 integer,
距公路距离 integer,
地表曲率 integer,
Constraint landslide_FK
foreign key(landslide_FKEY)references LandslideType(类型 ID)
Constraint scale_FK
foreign key(scale_FKEY)references Scale(比例尺 ID)
Constraint region_FK
foreign key(region_FKEY)references Region(县市 ID)
Constraint LandslideSA_PK primary key(landslide_FK,scale_FK,region_FK)
);

多维模型的逻辑设计也可由 Oracle Warehouse Builder 完成。图 4-13 是滑坡敏感性多维模型在 Oracle Warehouse Builder 中的设计,滑坡敏感性事实表通过外关键字分别和地区维表、比例尺维表和滑坡类型维表的主键链接。

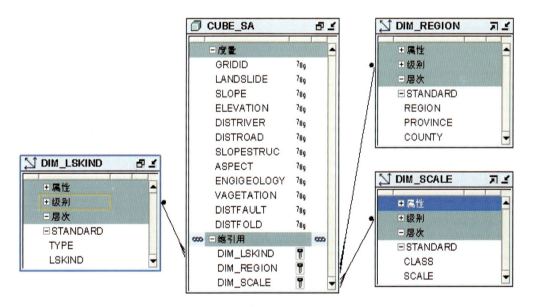

图 4-13 滑坡敏感性多维模型

4.4.2 滑坡位移监测事实

(1)维表。包括维中的每个级别,每个级别有 ID 和 Name 属性。创建的表名和维/事实名之间的对应关系见表 4-2。

表 4-2 滑坡位移监测事实中表名和维/事实名的对应关系

表名	维/事实名
LandslideType	滑坡类型
MonitorType	监测类型
Time	时间
Location	监测点
LandslideDM	滑坡位移监测事实表

Create table LandslideType(
类型 ID integer primary key,
类型名 character varying(40),
类 ID integer,
类 character varying(20),
型 ID integer,
型 character varying(20),
式 ID integer,
式 character varying(20),
期 ID integer,
期 character varying(20),
);
Create table MonitorType(
监测内容 ID integer primary key,
监测内容 character varying(20),
监测仪器 ID integer,
监测仪器 character varying(20),
监测方法 ID integer,
监测方法 character varying(30),
监测类型 ID integer,
监测类型 character varying(30),
);
Create table Time(
日期 ID integer primary key,
日期 date,
月份 ID integer,
月份 character varying(10),
季度 ID integer,
季度 character varying(10),

年份 ID integer,
年份 character varying(4),
);
Create table Location(
监测点 ID integerprimary key,
监测点 character varying(30),
滑坡体 ID integer,
滑坡体 character varying(20),
村 ID integer,
村 character varying(20),
镇 ID integer,
镇 character varying(20),
县 ID integer,
县 character varying(20),
);

(2) 事实表。包括度量和与相关维链接的外键。
Create table LandslideDM(
LandslideType_FKEY integer,
Monitor_FKEY integer,
Location_FKEY integer,
Time_FKEY integer,
变形位移 decimal(5,2),
温度 decimal(5,2),
降雨量 decimal(5,2),
库水位变动 decimal(5,2),
暴雨 decimal(5,2),
Constraint landslideType_FK
foreign key(LandslideType_FKEY) references LandslideType(类型 ID)
Constraint monitor_FK
foreign key(Monitor_FKEY) references Scale(监测内容 ID)
Constraint location_FK
foreign key(Monitor_FKEY) references Region(监测点 ID)
Constraint time_FK
foreign key(Time_FKEY) references Region(日期 ID)
Constraint LandslideDM_PK primary key(landslideType_FK,monitor_FK,location_FK,time_FK)
);

图 4-14 是滑坡位移监测多维模型在 Oracle Warehouse Builder 中的设计。滑坡位移监测事实表通过外关键字分别和时间维表、监测点维表、监测类型维表和滑坡类型维表的主键

链接。

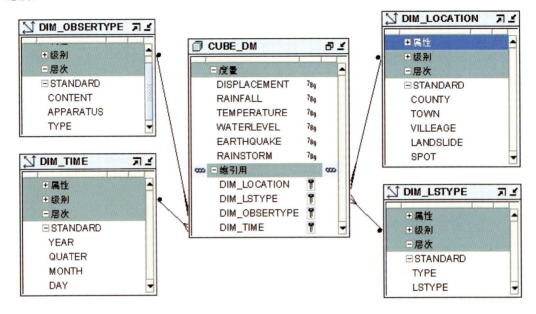

图 4-14 滑坡位移监测多维模型图

§4.5 物理模型设计

开发良好的物理模型设计有助于改善数据访问、查询执行、数据仓库维护和数据装载过程等。因此,用于构建数据仓库的 DBMS 应包括以下特点,有助于执行各种各样的任务,像管理海量数据、刷新数据仓库、执行复杂的表之间操作和聚集大量数据项等。这都取决于 DBMS 所能提供的资质,像存储方法、索引、表分区、并行查询的执行、聚集功能和实体化视图等。目前主要有三种方法来提高 OLAP 查询的效率:一是聚集策略,这种策略主要是采用实体化视图(Materialized Views)技术;二是即席查询策略,这种针对 OLAP 查询处理的方法主要是在基本表上使用一些快速存取结构来实现,专门针对数据仓库的一些索引被提出来;B-tree 索引、位图索引、投影索引等;三是采用高性能软硬件并行计算机系统结构,实现采样和并行计算技术(田忠和等,2004)。在设计过程中,将以 Oracle 10g with the OLAP option 为 DBMS 平台,分别确定数据的分区、索引策略、实体化视图和存储结构设计等,优化数据仓库的性能。

4.5.1 分区设计

数据分区技术是面对庞杂数据的有效处理方法之一,特别是在数据仓库这种包括许多历史数据的环境中,分区允许用户将非常大的对象(表)物理分为易于管理的较小部分(Oracle,2004;池太威,2009)。分区相对于查询和报表用户来说是透明的,如果此对象为物理对象,那么该查询语法看似与之相同。决定分区策略中一个要素是试图在这些分区中平均分配数据。

Oracle 数据库提供了多种分区的方法,主要有如下几种类型。

(1)范围分区。按照某一或某些列值的范围进行分区,是最常见的一种分区形式,例如以时间为范围进行分区,在分区 1 中保留所有一月份和二月份的记录,在分区 2 中保留所有三月份和四月份的分区。

(2)散列分区。是使数据库引擎根据内部算法(哈希函数)确定分区的方法。以哈希函数计算结果为基础,对表中记录进行随机分区,特点是各分区的数据量相当。

(3)列表分区。将单一或某些列的值划分为若干集合,每个集合作为一个分区,适用于列值个数有限且无明显范围划分的情况;由于这种方法依赖特定字段中的列表值,因此名为列表分区。

(4)组合分区。在分区过程中至少使用了两种以上分区方法的分区类型,特点是综合了多种分区的优点,一般分区个数较多。

Oracle Warehouse Builder 当前支持以上 4 种分区作为对象配置选项,如图 4-15 所示。分区通过备份、存储和归存等非常简单的操作,极大地增强了分区表的可管理性。

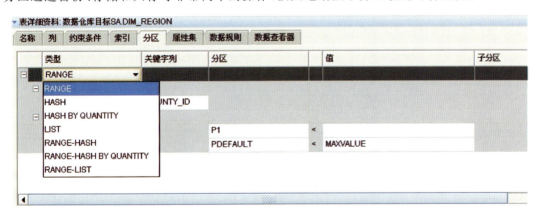

图 4-15 Oracle Warehouse Builder 中的分区类型

根据滑坡敏感性和滑坡位移监测事实的特点,可以对滑坡敏感性事实表按地区创建列表分区和对滑坡位移监测事实表按时间创建范围分区,SQL 语句分别描述如下:

ALTER TABLE cube_SA
ADD PARTITION BY LIST(DIM_REGION)
(PARTITION cube_SA_P1 VALUES('忠县'),
PARTITION cube_SA_P2 VALUES('宜昌'),
PARTITION cube_SA_P3 VALUES('秭归'),
PARTITION cube_SA_P4 VALUES('巴东'),
PARTITION cube_SA_P5 VALUES('兴山'),
...
PARTITION cube_SA_P0 VALUES(default)
);

```
ALTER TABLE cube_DM
ADD PARTITION BY RANG(DIM_TIME)
(PARTITION cube_DM_P1
VALUES LESS THAN(TO_DATE('01-Jan-2003','DD/MM/YYYY'))
TABLESPACE cube_DM_2003P1,
PARTITION cube_DM_P2
VALUES LESS THAN(TO_DATE('01-Jan-2004','DD/MM/YYYY'))
TABLESPACE cube_DM_2004P2,
PARTITION cube_DM_P3
VALUES LESS THAN(TO_DATE('01-Jan-2005','DD/MM/YYYY'))
TABLESPACE cube_DM_2005P3,
PARTITION cube_DM_P4
VALUES LESS THAN(TO_DATE('01-Jan-2006','DD/MM/YYYY'))
TABLESPACE cube_DM_2006P4,
PARTITION cube_DM_P5
VALUES LESS THAN(TO_DATE('01-Jan-2007','DD/MM/YYYY'))
TABLESPACE cube_DM_2007P5,
PARTITION cube_DM_P6
VALUES LESS THAN(TO_DATE('01-Jan-2008','DD/MM/YYYY'))
TABLESPACE cube_DM_2008P6
);
```

4.5.2 索引设计

合理的索引设计是提高系统性能的有效方法。正确的索引可能使查询效率提高，而无效的索引可能既浪费数据库空间，又大大降低查询性能。索引建立的好坏直接影响访问效率，索引查找是优化查询响应时间的重要方法，因而为提高数据仓库的处理能力，必须系统地使用索引技术。

Oracle 的索引主要分为两类：B-tree 索引和位图索引。B-tree 索引是最常用的索引，通常所见的唯一索引、聚簇索引等都采用这种结构。B-tree 索引广泛地应用在 OLTP 数据库设计中，可加快查询响应时间。但 B-tree 索引对于简单的查询比较有效，而用于数据仓库复杂查询中往往无能为力，而且 B-tree 索引在数据仓库中构造和维护的代价高。

B-tree 索引对高集势（High-cardinality）的数据最有效（池太崴，2009），在设计中为每个维表的主键字段（Primary Key）创建一个采用 B-tree 索引结构的唯一索引，下面分别为滑坡敏感性分析事实的滑坡类型维、比例尺维和地区维，滑坡位移监测事实的滑坡类型维、监测点维、监测类型维和时间维的唯一索引，SQL 语句分别描述如下：

Create unique index LandslideType_BTX on LandslideType(类型 ID)；
Create unique index Scale_BTX on Scale(比例尺 ID)；
Create unique index Region_BTX on Region(县市 ID)；

Create unique index MonitorType_BTX on MonitorType(监测内容 ID);
Create unique index Location_BTX on Location(监测点 ID);
Create unique index Time_BTX on Time(日期 ID);

位图索引(Bitmap Index)使用 0 或 1 来表示在元组中的属性值是否与某一特定值相等,在位串中的某一位状态表明了表中元组的状态,是用位与相应的行相对应的一种索引技术。位图索引可以突破 B-tree 索引一些限制,提高查询处理和索引存取的效率。位图索引非常适合于创建在低基数(Low-cardinality)的列上(池太崴,2009;陈慧萍,2006),也就是说,如果某个表中行数非常多而要创建索引的某列的唯一值比较少,那么这样的列就适合创建位图索引。相对于 B-tree 索引,位图索引由于只存储键值的起止 ROWID 和位置编码,位置编码中的每一位表示键值对应的数据行的有无,因此占用的空间非常小。位图索引创建时不需要排序,并且按位存储,创建的速度较快。当根据位图索引的列进行 AND、OR 或 IN(x,y,…)查询时,直接用索引的位图进行运算,在访问数据之前可事先过滤数据,能快速得出查询结果。位图索引由于用位图反映数据,不同会话更新相同键值的同一位图段的 DML 操作都会被锁定,所以并发 DML 操作锁定的是整个位图段的大量数据行,不适用于普通的 OLTP 环境中,但非常适用于 OLAP 的应用中。

位图索引的基本原理是在索引中使用位图而不是列值。通常在事实表和维表的键之间有很低的集势,使用位图索引,存储更为有效,与 B-tree 索引比较,只需要更少的存储空间,这样每次读取时可以读到更多的记录,而且位图索引将比较、链接和聚集等操作都变成了位运算,大大减少了运行时间,从而得到性能上极大的提升。由于建立和维护位图索引时间和空间代价小,且位图索引可以一起工作以达到减少搜索空间的目的,所以在数据仓库环境中,位图索引优于 B-tree 索引。

在设计中生成立方体时,Oracle Warehouse Builde 自动为每个事实表引用的维表外键字段(Foreign Key)创建一个位图索引,如下面的语句为滑坡敏感性分析事实创建的 3 个位图索引,SQL 语句分别描述如下:

Create bitmap index LandslideSA_Type_BIX on LandslideSA(类型 ID);
Create bitmap index LandslideSA_Scale_BIX on LandslideSA(比例尺 ID);
Create bitmap index LandslideSA_Region_BIX on LandslideSA(县市 ID);

下面的语句为滑坡位移监测事实创建的 4 个位图索引,SQL 语句分别描述如下:
Create bitmap index LandslideDM_LandslideType_BIX on LandslideDM(类型 ID);
Create bitmap index LandslideDM_MonitorType_BIX on LandslideDM(监测内容 ID);
Create bitmap index LandslideDM_Location_BIX on LandslideDM(监测点 ID);
Create bitmap index LandslideDM_Time_BIX on LandslideDM(日期 ID);

4.5.3 实体化视图设计

实体化视图是在原来视图概念的基础上,以实体化视图的具体结构来实现的。视图,也可以称为虚拟表,因为它实际上仅仅是经过定义后存放在数据库中的查询语句,查看视图时,只需要运行查询语句才能得到结果。对于重复的、大量的快速分析运算来说,它显然不能满足用户需求。而实体化视图产生的结果可以存放在数据库中,它能够在很大程度上满足上述要求,所以在数据库中得到了广泛的应用,并成为综合管理系统、联机分析处理中的一种非常重要的实体(池太崴,2009)。实体化视图的用途主要包括:①构成综合管理的主要实体,如总计方阵;②像提供快照一样,周期性地从操作型数据源系统中提取累计变化数据;③分布式系统的远程数据更新和复制,分布式系统的过程数据抽取和转换。

在实际应用中,一般根据用户或业务的需求,选择那些最常见的、大量需要的数据集生成实体化视图,并以此作为联机分析的基础实体。比如针对每个地区不同类型滑坡显示敏感性事实度量值,如果每次都访问事实表,还不如建立实体化视图或总计方阵,在某种程度上取代事实表,并提供快速响应。比如针对不同比例尺下每个地区不同类型滑坡的条件下显示敏感性事实度量值,如果每次都访问敏感性事实表,还不如建立实体化视图或总计方阵,在某种程度上取代事实表,并提供快速响应。例如,为快速访问比例尺1∶1万(事实表内编号13)、忠县地区(事实表内编号11)、崩坡积型滑坡(事实表内编号14)的滑坡、工程岩组、斜坡结构、坡度、高程、距河流的距离、距公路的距离等分类值,从滑坡敏感性事实表中直接生成实体化视图的SQL语句如下:

```
CREATE MATERIALIZED VIEW MV_SA_ZhongCounty
TABLESPACE users
REFRESH FORCE ON DEMAND WITH rowid
AS
SELECT GridID,Landslide,SlopeStruc,Slope,Elevation,DistRiver,DistRoad
FROM Cube_SA
WHERE dim_scale=13 AND dim_region=11 AND dim_lskind=14;
```

例如,为快速访问监测内容为水平位移监测GPS(事实表内编号10)、监测点为ZG91(事实表内编号16)、崩坡积型滑坡(事实表内编号14)的位移、库水位、降雨和温度等监测值,可从滑坡位移监测事实表中直接生成实体化视图的SQL语句如下:

```
CREATE MATERIALIZED VIEW MV_DM_ZG91
TABLESPACE users
REFRESH FORCE ON DEMAND WITH rowid
AS
SELECT TimeID,Displacement,WaterLevel,Rainfall,Temperature
FROM Cube_DM
WHERE dim_obsertype=10 AND dim_location=16 AND dim_ lskind =14
```

4.5.4 存储结构设计

在传统的数据库存储上,数据库管理员要花大量时间管理成百上千的数据库文件。Oracle 10g在存储上的新特性:Oracle管理文件(Oralcet Managed Files)和自动存储管理(Automatic Storage Management,ASM)简化了数据库的管理,提供自动生成和管理文件的功能,数据库管理员不需要面对每个数据库文件。而自动存储管理功能更能管理一小组磁盘组,能处理分条任务,提供磁盘冗余,包括当有新磁盘加入时重新平衡数据库文件,能够保证数据的安全、性能的可靠以及最小化的停机时间,可以满足三峡库区地质灾害数据仓库存储上的要求。

自动存储管理是将逻辑卷管理器和内嵌在数据库中的文件系统结合在一起进行存储管理的一种机制(Orcale,2003)。在逻辑上可以定义一些磁盘组,每个磁盘组有若干物理磁盘组成,然后分配这些磁盘组保存数据库的数据文件、日志文件和控制文件等。对于磁盘的动态添加删除,ASM 可自动平衡数据分布,并且数据库系统不需要停机。使用 ASM 的数据库会自动地为跨磁盘的文件扩展区间寻找 I/O 平衡,并避免产生磁盘过热点。

根据 ASM 技术特点,存储结构设计如图 4-16 所示(刘让国,2007)。数据库服务器和存储设备的硬件采用市场上主流硬件配置,数据资源服务器与阵列之间可以使用光纤线路通讯,加快数据交换的速度。磁盘阵列划分为 18 个逻辑分区(代表 18 块硬盘),建立 3 个磁盘组,每 6 个逻辑分区组成一个磁盘组,分别为磁盘组 1~3。

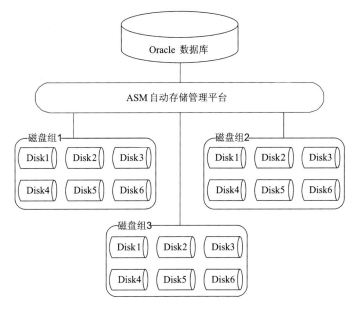

图 4-16　存储结构设计(据刘让国,2007)

ASM 在磁盘组中创建必要的文件,并把数据按条块分散存储到一个磁盘组中的所有磁盘上。ASM 具有从磁盘组中动态添加和删除磁盘而不影响磁盘组本身或数据库本身的整体可用性的能力,这也是 Oracle 网格计算的规格之一。ASM 在一个磁盘被添加或删除时通过初始化一个重新平衡操作处理这个问题。如果一个磁盘由于某个故障或磁盘组容量过剩从磁盘中删除了,那么重新平衡操作将会重新镜像那些已经镜像了该磁盘的区间,并重新分配磁盘组内剩余磁盘之间的区间。如果一个新磁盘被添加到组中,那么重新平衡操作也将磁盘被删除的情形一样,确保组内的每个磁盘都有大致相等数量的区间。

随着应用的发展,单一的数据库服务器处理压力会过大,为提高性能可使用大型机,但价格太过昂贵,可采用 Oracle 高可用性实时应用集群(Real Application Cluster,RAC)技术。RAC 利用多台廉价的 PC 服务器组成一台逻辑上的高性能服务器,对数据库的访问可以分摊在集群内的多个 PC 服务器上并行执行(Matthew 等,2005)。RAC 在集群内的每一个节点上安装一个相同的实例,所有节点的实例用于处理同一个数据库,因此无需修改应用,就可以改变规模,从而实现了并行服务器的潜在能力。

5 数据仓库元数据

§5.1 元数据概述

元数据就是关于数据的数据,用于建立、管理、维护和使用数据仓库。元数据是数据仓库的重要资源,它描述了数据仓库中的数据和环境,在数据仓库的设计、管理和运行中起着非常重要的作用(陈慧萍等,2006)。在数据仓库系统中,元数据是关于数据仓库的数据,指在数据仓库建设过程中所产生的有关数据源定义、目标定义、转换规则等相关的关键数据,同时元数据还包含关于数据含义的商业信息。元数据可帮助数据仓库管理员和数据仓库的开发人员非常方便地找到他们所关心的数据;元数据是描述数据仓库内部的结构和建立方法的数据,对这些信息妥善保存,并很好地管理将为数据仓库的发展和使用提供方便,使得最终用户和 DSS 分析员能够探索各种可能性。

通常把元数据分为技术元数据和业务元数据。技术元数据是描述关于数据仓库技术细节的数据,这些元数据应用于开发、管理和维护数据仓库,主要包括数据仓库结构的描述(各个主题的定义,星型模式或雪花模式的描述定义等)、企业数据模型描述(以描述关系表及其关联关系为形式)、对数据审核规则的定义、数据集市定义描述与装载描述(包括立方体的维度、层次、度量以及相应事实表、概要表的抽取规则)、使用反向工程技术获得数据库的概念模式等;业务元数据是从业务领域的角度描述数据仓库的数据,提供了良好的语义层定义,业务元数据使业务人员能够更好地理解数据仓库分析出来的数据,主要包括使用者的业务术语所表达的数据模型、对象名和属性名,访问数据的原则和数据来源,系统所提供的分析方法及公式、报表信息等。有很多方法可以获得业务元数据,例如与用户或管理人员交流,或查阅已有的文档和源系统的数据字典等。

元数据从数据仓库开发项目一开始就积累,并在数据仓库的开发过程和运行过程中不断增加。在系统的开发和运行中,最值得注意的是以下 3 类元数据:①在设计或开发中的决策元数据;②与数据仓库的基本操作如数据迁移、清洗、刷新等相关的元数据;③与终端用户查询处理相关的元知识。第①类元数据包括数据的业务模型及前面描述的代价模型,即将业务和信息系统的术语联系起来,是一种最详细和最精确的元数据。这一类元数据用来确定在数据仓库中应该包含哪些信息以及从何处迁移和刷新数据。第②类元数据用来对数据仓库进行维护,即确定数据仓库的刷新方法、刷新频率以及何时将历史信息存档。第③类元数据帮助终端用户查询信息、理解结果,用户可以由此确定数据仓库是否支持相应的查询,在极端情况下,元数据可以使查询处理系统自动地将一个查询送到数据仓库或操作型数据库中,以实现查询,并且代价低,响应时间短。终端用户对数据的理解一般不是基于关系型模型,而是基于相应的业务模型,所以要求将业务模型或业务过程映射到数据仓库使用的物理数据模型中。

元数据定义后,需要对元数据的变化进行管理。系统必须跟踪在异构和分布式环境下数据源发生的变化,并将这些变化送到元数据库中,可以使用数据仓库工具对这些变化进行分析并将其体现到数据仓库中。例如:如果一个数据源的模式定义发生变化,则该模式在数据仓库中的元数据及从源数据到数据仓库中的表或立方体的映射也将改变,同样地,查询频率及查询优先级的改变也将使数据仓库的元数据发生相应的变化。

§5.2 元数据管理

元数据可以作为数据仓库用户使用数据仓库的地图,但它更重要的是为数据仓库开发人员和管理人员提供支持。元数据管理的具体内容如下:①获取存储元数据;②元数据集成;③元数据标准化;④保持元数据的同步。如果数据或规则变化导致元数据发生变化时,这个变化也要反映到数据仓库中。

目前,实施对元数据管理的方法主要有两种:对于相对简单的环境,按照通用的元数据管理标准建立一个集中式的元数据知识库;对于复杂的环境,分别建立部分的元数据管理系统,形成分布式元数据知识库。然后,通过建立标准的元数据交换格式,实现元数据的集成管理。当前市场上与元数据有关的主要工具见图 5-1。

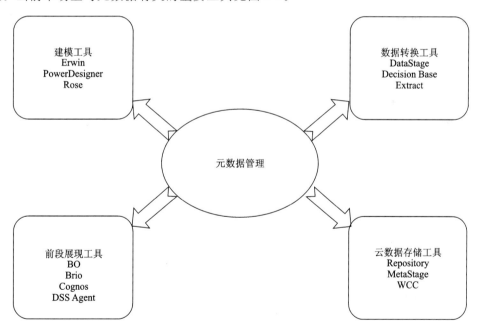

图 5-1 与元数据有关的主要工具

元数据管理是企业级数据仓库中的关键组件,贯穿于建立数据仓库的整个过程,可分为技术元数据和业务元数据的管理两个方面。

5.2.1 技术元数据管理

Oracle Warehouse Builder 可完成数据仓库创建的 ETL、逻辑设计和物理设计的全过程,创建工作相关联的所有元数据都存储在 Oracle Warehouse Builder 信息库中(Oracle, 2009)。该信息库托管在 Oracle 数据库中,可以使用 Repository Browser 报告信息库中的元数据。元数据的修改和维护工作可在 Oracle Warehouse Builder 的"设计中心"内完成。

Oracle Warehouse Builder 还提供了元数据的导入和导出功能,能够达到元数据复制、移动、备份和版本管理的目的,能够导入和导出在项目浏览器、全局浏览器和连接浏览器中的任何一个对象。

(1)元数据导出。从资料库提取元数据对象并将信息写到一个特定格式的文件(以 MDL 为后缀名)。可以指定导出文件的名称和路径,也可以导出整个项目或一个对象的子集。如果导出一个对象的子集,也会同时导出其父对象的定义信息,以便保持树状关系。例如:导出一个维,则导出文件包括维、维所属的模块、模块所属的项目等信息。利用导出的 MDL 格式文件,可以在两个资料库(即使是不同的操作系统平台)之间复制和移动元数据对象。

(2)元数据导入。从导出的 MDL 格式文件中读取信息到资料库里进行创建、替换或更新对象。当导入和导出资料库元数据时,OWB 将诊断和统计信息写到一个日志文件中。日志文件主要包括以下信息:数据文件的名称,导入或导出的开始和结束时间,导入导出所用的时间,导入导出的对象数和类型,添加、替换、跳过和删除的对象数,信息状态(报告、警告或错误)。OWB 设计中心提供了图形化界面来进行元数据的导入和导出。

5.2.2 业务元数据管理

5.2.2.1 操作库数据源

每一个数据源均代表一种以不同的方式获取数据仓库输入数据的途径。

三峡库区地质灾害数据仓库数据来自操作数据库,包括各类空间数据、属性数据及管理数据。

(1)专业属性数据和管理数据元数据管理。由于专业属性数据和管理数据源系统的元数据可以通过数据库建模软件 Power Designer 的反向工程功能得到。

(2)空间元数据管理。地质灾害数据仓库的数据有很大一部分来自空间数据库(例如 MAPGIS、ARCGIS 系统),而这一类数据和关系型数据有很大的不同,例如有图件、图层、图示、图例、比例尺、投影参数等信息,另外还有相应的属性数据。如果要将这些数据提取、上载到数据仓库中,就必须对空间数据的结构和关系掌握得比较清楚,通过对二期、三期空间数据进行比较详细的分析,掌握了相应的标准,为数据仓库的建设打下了良好的基础。图 5-2 是空间数据元数据定义的模型,图 5-3 是其中的数据仓库元数据与数据模型和数据字典的关系,图 5-4 是其中的数据表现信息元数据定义的模型(例如地理空间维、拓扑等级、地理校正等元数据的定义)。

5 数据仓库元数据

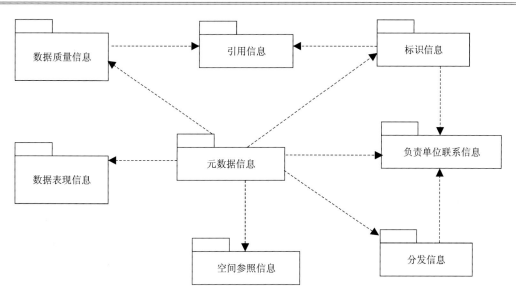

图 5-2 空间信息元数据模型

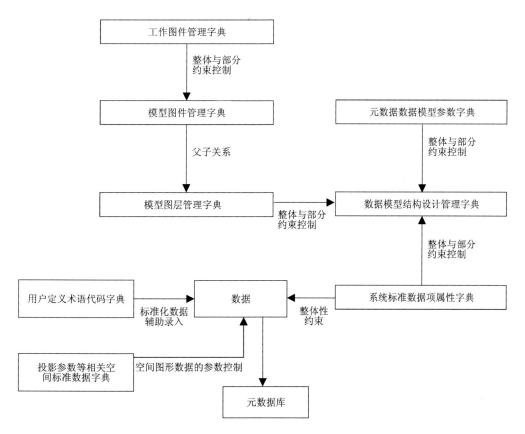

图 5-3 元数据与数据模型和数据字典之间的关系

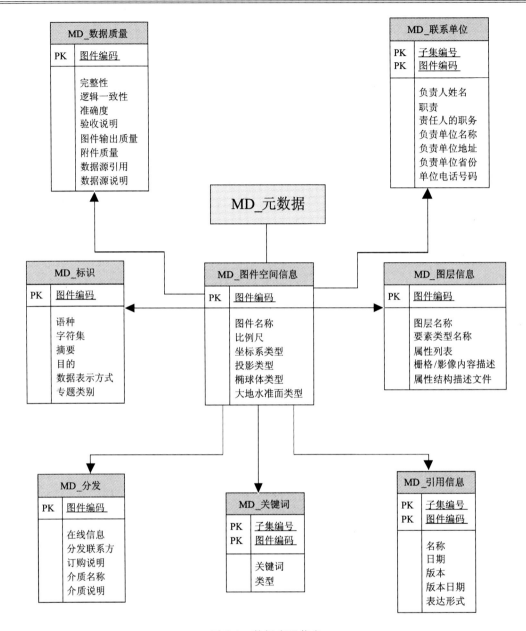

图 5-4 数据表现信息

5.2.2.2 数据仓库元数据管理

数据仓库元数据库主要包含专业控制信息、专题信息和维度信息等。

专业控制信息描述表模型结构信息,表名编码体现了这种结构,如图 5-5 所示。

表名前两位是主模型信息,如移民工程地质安全评价、治理工程、工程地质勘察、监测预警等;第三位是子模型信息,一个主模型下面有若干子模型,以大写字母 ABC 等编号标记;后面字母和数字信息是表编号信息。这些分级结构信息在表中也有体现。

图 5-5 数据表编码规则

专题信息主要记录操作库数据模型与数据仓库各个主题之间的关系,如果该表与这些专题信息其中的某一项或几项有关,就在该项记录下面标记。这样以专题查询就可以找到相关的表(表 5-1)。

维度信息包括时间维和空间维,记录表中体现这些维度信息的字段信息。反过来,当分析人员需要获取像"哪些表中有时间维信息和哪些字段体现时间维信息"时就非常方便。

表 5-1 操作库数据模型与数据仓库关系表

序号	字段名	类型	长度	字段说明
1	TABLE_CODE	C	8	表编号
2	MAINMODEL	C	32	主模型名称
3	SUBMODEL	C	44	子模型名称
4	TABLE_CAPT	C	54	表名
5	TABLE_NAME	C	16	表文件名
6	GBXK	C	2	学科分类
7	E_NAME	M	4	英译名
8	PRIMARYKEY	C	10	主关键字
9	KEY_EXP	C	40	关键字表达式
10	TAG_NAME	M	4	索引标识名
11	TAG_TYPE	M	4	索引类型
12	ND_NAME	M	4	索引关键字
13	NC_NAME	M	4	关键字汉字名
14	TAG_DESC	M	4	索引是否为降序
15	TAG_FOR	M	4	索引筛选条件
16	TABLE_PATH	C	40	表路径
17	TABLE_ERR	M	4	表有效性文本
18	TABLE_RULE	M	4	表有效性规则
19	INS_TRIG	M	4	插入触发器
20	UPD_TRIG	M	4	修改触发器

续表 5-1

序号	字段名	类型	长度	字段说明
21	DEL_TRIG	M	4	删除触发器
22	TABLE_CMT	M	4	表注释
23	TABLE_STRU	M	4	表结构报告
24	D_CLASS	N	1	数据密级
25	P_CLASS	N	1	密级
26	USERS	M	4	用户集
27	TOTFIELD	N	3	总字段数
28	TOTREC	N	10	数据记录总数
29	OTHER_FILE	M	4	其他相关文件
30	MSTRU	M	4	结构说明
31	OTHER_DICT	C	8	其他字典
32	REPORT_S	M	4	报告输出
33	MODISTRU	L	1	结构修改标志
34	DBC_FILE	C	16	数据库文件名
35	MAP_NO	C	5	主图号
36	MAP_XZ	L	1	图层参考选择
37	MAP_ID	C	10	图素分类号
38	MAP_NAME	C	40	图件名称
39	MAP_FILE	C	24	图件文件
40	GEOMETRY	N	1	几何特征
41	DATA_MODEL	C	16	数据模型
42	CHA_CODE	C	10	特征分类代码
43	KEY_NAME	C	32	主关键字名称
44	SUBJECT1	L	1	监测预报分析评估
45	SUBJECT2	L	1	防治工程措施分析与评估
46	SUBJECT3	L	1	单体地质灾害预测预报
47	SUBJECT4	L	1	区域地质灾害预测预报
48	SUBJECT5	L	1	移民新城区地质灾害预测预报
49	SUBJECT6	L	1	涌浪地质灾害预测预报
50	SUBJECT7	L	1	管理信息系统
51	SUBJECT8	L	1	地质灾害预警及应急指挥

续表 5-1

序号	字段名	类型	长度	字段说明
52	SUBJECT9	L	1	滑坡稳定评价
53	C_TYPE	C	1	类型
54	SDIMENTION	C	24	空间维
55	TDIMENTION	C	24	时间维
56	HIERACHIES	C	24	层次
57	LEVEL	C	24	级别
58	ATTRIBUTES	C	24	属性
59	CUBES	C	24	立方体
60	MEASURES	C	24	度量
61	MODEL_NO	C	4	模型编号
62	MODEL_NAME	C	32	模型名称
63	OWNER	C	12	所有者

数据模型结构(表 5-2)主要收录操作数据库各个专业表的结构信息,描述实体、应用、主题等表名关系,提供相关查询和管理功能。

表 5-2 数据模型结构字典

序号	字段名	类型	长度	字段说明
1	FIELD_NAME	C	24	字段名
2	FIELD_TYPE	C	1	类型
3	FIELD_LEN	I	4	长度
4	FIELD_DEC	I	4	小数位
5	FIELD_NULL	L	1	空值
6	FIELD_NOCP	L	1	代码转换
7	FIELD_DEFA	C	5	缺省值
8	FIELD_RULE	M	4	字段有效性规则
9	FIELD_ERR	M	4	字段有效性文本
10	FIELD_CAPT	C	32	字段说明
11	U_NAME	C	12	单位
12	FIELD_CMT	M	4	字段注释
13	ZXDC	C	8	文字值控制
14	STOREDMODE	C	6	数据存储方式

续表 5-2

序号	字段名	类型	长度	字段说明
15	ZXDCCODE	C	6	提示控制前导码
16	ZXDCCOUNT	I	4	提示控制总长
17	ZXDCLEN	I	4	提示控制步长
18	FIELD_FORM	C	6	字段显示格式
19	FIELD_INPU	C	54	字段输入格式
20	PRE_DEPICT	C	12	描述前加字
21	SUF_DEPICT	C	12	描述后加字
22	DEPICTMODE	C	1	描述方式
23	LEGALCHECK	L	1	指定合法性检查
24	CODE	C	12	代码
25	LINKNAME	C	12	相关字段名
26	DISPCLASS	C	16	字段映射的类名
27	CLASSLIB	M	4	类库路径
28	LIEBIA	M	4	提示信息
29	LIEBIA_S	M	4	提示信息频率
30	TABLE_NAME	C	16	表文件名
31	D_INPUT	M	4	数据传输
32	V_INPUT	M	4	数据效验
33	V_MESSAGE	M	4	数据效验错误信息
34	LOST_INPUT	M	4	输入后处理方法
35	TWICE_MEAN	M	4	双意属性
36	COUNT_MODE	I	4	计算汇总方式
37	COUNT_EXP	M	4	计算公式
38	E_NAME	C	64	英译名
39	PRINT_FORM	M	4	打印格式
40	SZXDC	L	1	提示自动加载控制
41	MIN_LIMITS	C	16	值域下限
42	MAX_LIMITS	C	16	值域上限
43	MUST_INPUT	L	1	必须填写控制
44	NEXT_VALUE	I	4	下一值
45	STEP	I	4	自动步长

续表 5-2

序号	字段名	类型	长度	字段说明
46	IMEMODE	I	4	控件开关
47	FIELD_CODE	C	12	字段编码
48	FIELD_NO	C	3	字段号
49	C_TYPE	C	1	类型
50	GBXK	C	2	学科分类
51	ITEM_CONT	I	4	控件控制
52	AVERAGE	B	8	平均值
53	SQUARE	B	8	均方差
54	X_X	L	1	是否使用
55	CODE_RULE	C	32	编码规则
56	READONLY	L	1	只读控制
57	SUB_TABLE	C	16	子数据表名
58	SUB_FRAME	M	4	数据结构体
59	EXPORT_LEN	I	4	输出宽度
60	SHOW_WIGHT	I	4	显示宽度
61	FIELD_OPT	L	1	字段选择

6 ETL

ETL 就是 Extract、Transform、Load 的缩写,即数据的抽取、转换、装载过程,它是一个数据流动的过程,从不同的异构数据源流向目标数据仓库。整个 ETL 包括 3 个部分:①数据抽取,从业务系统(或外部数据)中抽取数据仓库系统需要的数据,这个是所有工作的前提;②数据清洗、转换,将从数据源获取的数据转换成数据仓库要求的形式,包括数据格式转换、数据类型转换、数据汇总计算、数据拼接等,同时将错误的、不一致的数据在进入数据仓库之前进行更正或者删除,通过这个工作将异构的数据得到统一;③数据装载,将数据装入数据仓库。这三步不是完全独立的,比如抽取的时候会完成部分转换工作,装载的时候也会进行部分转换工作,它们之间形成并行或串行的过程。另外,在 ETL 的整个过程中,充分考虑异常情况的处理。

ETL 过程是数据仓库建设过程的核心与灵魂,它通过统一的规则集成数据并提高数据的价值,完成数据从数据源到目标数据仓库的转化过程。ETL 的主要作用就是屏蔽复杂的业务逻辑,为各种基于数据仓库的分析与应用提供统一的接口,这也是构筑数据仓库的目的之一。在建设数据仓库的过程中,用户的需求分析及模型设计是最难的,但是 ETL 的设计和实现是数据仓库建设过程中最复杂、牵扯精力最多的环节,通常会占整个数据仓库项目时间的 60%~80%,被称之为 BI(Business intelligence)的心脏和灵魂(Panos Vassiliadis,2001)。国际上许多著名软件公司(如 Informix、Oracle、Microsoft 等),采用内置的 ETL 软件并且花费整个数据仓库预算的 1/3 以上用于 ETL 工具的开发(贾自艳,2004)。

§6.1 ETL 过程分析

6.1.1 数据抽取

数据抽取是为了尽可能高效地从数据源中获得数据。数据源包括各类空间数据库、属性数据库及外系统数据库、文本文件、HTML 文件等。抽取工作首先要完成的就是分析清楚数据源来自哪几个业务系统,针对不同的数据源,需采用不同的数据抽取方法,实现不同网络、不同操作平台、不同数据库之间数据的抽取转换。比如,对于与存放数据仓库的数据库系统相同的数据源,可以直接在数据仓库数据库服务器和原业务系统之间建立链接关系,或者利用元数据导入向导将元数据导入源数据库中;对于与数据仓库数据库系统不同的数据源,可以通过 ODBC 的方式建立数据库链接,对不能建立数据库链接的,可以通过工具将源数据导出成.txt 或.xls 文件后再导入,或者通过程序接口完成;对于平面文件,可以利用数据库工具先将数据导入数据库,再抽取。另外,还要考虑增量更新问题,一般来说,可以利用时间戳做增量抽取。

三峡库区地质灾害防治数据仓库的数据源包括二期及三期所建的各类空间数据库、属性数据库及外系统数据库、文本文件、HTML文件等,抽取过程需要根据不同的数据形式,选择不同数据抽取接口,以提高ETL运行效率;对于关系型数据库系统中的数据,建议采用ODBC、OLEDB进行抽取,或者采用专用的数据库驱动接口方式;对于文件方式的源数据,可以考虑借助文件模块或外部表进行转换、装载;对于较特殊的系统,如业务系统性能要求很高、业务量很大、不能影响系统性能等,需要采用专用数据库驱动接口、OLEDB接口等高性能数据抽取接口,或者编写提取程序来提取所需的数据并将数据保存在平面文件中。

地质灾害数据在进入数据仓库前都已经存放在操作数据库中,我们的抽取工作,主要是在操作数据库中抽取数据,所以我们可以把源数据单纯地看作一个数据存储,把精力放在如何将源数据映射到目标数据上,根据源数据特征以及目标仓库的主题要求,制订合适的映射定义,为数据抽取以及转换打好基础。最简单的数据抽取是将源数据中信息直接抽取(复制)到目标仓库,但更多的数据抽取还应考虑到以下一些问题。

(1)源表数据中没有目标仓库要求的数据时,需要设置系统自动产生,如系统产生的部分日期、随机数、数据编码等。

(2)数据分割。对当前细节数据进行分割的目的是把数据划分成小的物理单元,使之具有更大的灵活性,使之容易重构、重组、恢复、监控,可以自由索引、顺序扫描能够灵活地、方便地访问数据。例如,根据预测的需要,可将区域数据分割为次级单元,如坡度可按坡度范围进行、坡向可按方向进行划分;土地利用可根据利用类型划分为农用地、草地、道路和民房等。

(3)数据综合。数据综合是为了在更高层次观察更概括的数据,例如可将月滑坡位移监测值综合成季度或年位移监测值。通过对数据进行分割和综合,针对相关主题和数据项关系,生成气象、人文经济、地理、地震、水文条件、灾害成因等数据,在无具体数据时生成默认数据。

6.1.2 数据清洗转换

数据清洗也是数据仓库建设过程中很重要的步骤,它指删除数据中错误数据以及不一致的数据,同时解决对象识别问题的过程(彭银桥等,2005)。与数据转换不同,ETL中数据清洗是为了尽可能清除脏数据,注重的是数据质量。脏数据的产生包括数据源本身数据质量的问题和在ETL过程中产生的脏数据。其中数据源数据质量方面有数据格式错误、数据一致性、业务逻辑的合理性等(Lee等,1999);ETL开发方面会产生规则描述错误、ETL开发错误等。由于这些脏数据的存在,我们的数据清洗工作非常重要。数据清洗面对的都是大型的数据源,计算量很大,所以不可能完全依靠手工完成这项工作,而主要依靠自动清洗框架完成。自动清洗一般包括定义并决定错误类型、搜索并识别数据源中的错误、纠正发现错误(邓中国等,2004)。在此过程中还应与数据转换相结合,并借助合理的描述语言制订数据转换与清洗操作。所有这些操作都尽可能在一个统一的框架下完成(郭志懋等,2002),尽量减少人工干预和用户编程。

数据转换就是要将数据转化为数据仓库建设所需要的信息。数据仓库建设中,数据来自各个操作数据库,由于录入的时间、方式、要求不同,人工录入时产生的误差,以及业务系统的数据存在的滥用缩写词、惯用语、数据输入错误、数据中的内嵌的控制信息、重复记录、丢失值、拼写变化、不同的计量单位和过时的编码等,导致数据的质量很难符合目标数据仓库的要求,因此需要花大力气进行清洗、加工、转换后才能整合装载到数据仓库。数据仓库数据的清洗、转换部分发生在抽取阶段,大部分发生在数据转换阶段,还有的甚至发生在装载部分。总的来说,可以把数据转换分为两类:简单数据转换及复杂数据转换。

6.1.2.1 简单的数据转换

简单数据转换指字段级的数据转换,它占了整个数据变换总量的80%~90%,这种数据转换是指数据中的一个字段、字段类型、字段长度等转移到目标数据仓库数据字段中的过程。具体包括以下几种类型(Paulraj 等,2004;尤玉林等,2005;尹邢飞等,2004):直接映射、日期及时间格式的转换、日期运算、字段运算、字符串处理、空值判断、参照转换、由编码到名称的转换、聚集运算、字段值合并拆分、取特定值等。

6.1.2.2 复杂的数据转换

一般来说,复杂的数据转换在数据仓库的数据转换总量中占10%~20%。要将源数据变为目标数据,单纯地完成简单数据转换是不够的,还需要做一些更复杂的分析,比如:给目标元素的多个来源指定主字段、表与表关联、衍生数据、行列变换、数据概括、聚集等。

地质灾害防治数据仓库数据的清洗、转换工作包括两部分:一是在从操作数据库进到源数据模块前进行清洗工作,将脏数据和不完整数据过滤;二是从源模块到目标仓库的过程中进行转换工作,包括业务规则的计算和聚合等。

清洗工作主要是过滤不符合要求的数据,将过滤结果交给相关部门确认后,直接过滤或修正后供抽取。不符合要求的数据包括错误的数据、不完整数据、重复的数据等。

数据转换工作包括对不一致数据进行转换、数据粒度转换、业务规则计算等,具体来说有以下几种:

(1)数据来源复杂,个别字段含义相同,表现方式却不同,使得数据不一致。像灾害体名称字段,在大部分监测记录表中,都是以表名编号接010表示,但是个别表里是表名标编号接020表示,这种情况就要对字段进行统一编码、统一转换名称。

(2)有些数据存储在两个或两个以上的关联表中,比如群测群防监测相关的记录存储在巡查监测记录表,地鼓监测记录表,泉点监测记录表,井点监测记录表,地裂、墙裂监测记录表(表6-1~表6-5),像这种情况就要通过它们之间的关联关系,从这5个表中获取数据,合并到一起,为后续映射做准备。最终需要的数据如表6-6所示。

表 6-1 地裂、墙裂监测记录表

序号	字段名	类型	长度	字段说明
1	JCEB01A010	C	16	灾害点(体)编号
2	JCEB01A030	C	4	监测点编号
3	JCEB01A040	D	8	监测日期
4	JCEB01A050	N	4	缝宽
5	JCEB01A060	N	4	增(减),负数表示减
6	JCEB01A070	C	8	监测人
7	JCEB01A080	C	8	填表人
8	JCEB01A090	C	8	村组长

表 6-2 地鼓监测记录表

序号	字段名	类型	长度	字段说明
1	JCEB01B010	C	16	灾害点(体)编号
2	JCEB01B030	C	4	监测点编号
3	JCEB01B040	D	8	监测日期
4	JCEB01B050	N	4	底鼓高
5	JCEB01B060	N	4	底鼓增
6	JCEB01B070	C	8	监测人
7	JCEB01B080	C	8	填表人
8	JCEB01B090	C	8	村组长

表 6-3 泉点监测记录表

序号	字段名	类型	长度	字段说明
1	JCEB01C010	C	16	灾害点(体)编号
2	JCEB01C030	C	4	监测点编号
3	JCEB01C040	D	8	监测日期
4	JCEB01C050	C	2	水量,增或减
5	JCEB01C060	C	2	清浊度,清或浊
6	JCEB01C070	C	8	监测人
7	JCEB01C080	C	8	填表人
8	JCEB01C090	C	8	村组长

表 6-4 井点监测记录表

序号	字段名	类型	长度	字段说明
1	JCEB01D010	C	16	灾害点(体)编号
2	JCEB01D030	C	6	监测点编号
3	JCEB01D040	D	8	监测日期
4	JCEB01D050	C	2	水位,升或降
5	JCEB01D060	C	2	清浊度,清或浊
6	JCEB01D070	C	8	监测人
7	JCEB01D080	C	8	填表人
8	JCEB01D090	C	8	村组长

表 6-5 巡查监测记录表

序号	字段名	类型	长度	字段说明
1	JCEB01E010	C	16	灾害点（体）编号
2	JCEB01E030	C	20	巡查内容
3	JCEB01E040	D	8	监测日期
4	JCEB01E050	C	2	是否发现异常
5	JCEB01E060	C	30	地点
6	JCEB01E070	C	4	编号
7	JCEB01E080	C	10	姓名（或房主）
8	JCEB01E090	D	8	时间
9	JCEB01E100	C	30	备注
10	JCEB01E120	C	8	监测人
11	JCEB01E130	C	8	填表人
12	JCEB01E140	C	8	村组长

表 6-6 群测群防监测记录表

序号	字段名	类型	长度	字段说明
1	JCEB01F010	C	16	灾害点（体）编号
2	JCEB01F030	C	4	监测点编号
3	JCEB01F040	D	8	监测日期
4	JCEB01F050	N	4	缝宽
5	JCEB01F060	N	4	裂增（减），负数表示减
6	JCEB01F070	N	4	地鼓高
7	JCEB01F080	N	4	地鼓增
8	JCEB01F090	C	2	泉点水量，增或减
9	JCEB01F100	C	2	泉点清浊度，清或浊
10	JCEB01F120	C	2	井点水位，升或降
11	JCEB01F130	C	2	井点清浊度，清或浊
12	JCEB01F140	C	2	是否发现异常，有或无

（3）删除空值。例如：在某个灾害点进行滑坡位移监测过程中，某月可能出现漏记，这时宁肯删掉该行的记录，也不要让系统误认为"0"值，以免影响到"月平均位移量"这类统计量的结果。

（4）检测并删除源数据表中重复行和无用字段的数据，以及对应用系统具有技术意义，但对决策分析和判断无意义的字段或记录。

(5)消除数据的不规范。比如:记录滑坡发生的时间格式不一致、用于分析的各个灾害体数据代表的意义不一致,等等。

(6)统一数据表中的标记。操作数据库中的数据有些是按灾害点编号标记的,有些按监测点编号标记,有些按时间标记,等等。

(7)对日期格式进行统一。将字符型日期字段处理后再装载到地质灾害防治数据仓库的日期字段中。

(8)提供缺省值。有些表中有字段的值是空的,但我们又不能把这些数据当脏数据删掉,这个时候就需要为该字段赋默认值,也就是缺省值。个别目标字段在对应源数据表中找不到相应字段,这种情况也要在转换时给它添加值。

(9)对源数据表中部分含有特殊符号的字段,在写入目标仓库前做字符转义处理。

6.1.3 数据装载

数据源通过抽取、转换、清洗,最后要通过装载进入的目标数据仓库,在装载过程中仍然会存在一些转换工作,但要保证在最终装载操作前完成所有转换。装载过程涉及的数据量比较大,为了不影响数据库的正常运行,装载工作一般在系统相对不忙时进行。装载一般包括维表装载、事实表装载、聚集表装载。

在将地质灾害数据库中的源数据装载到目标数据仓库对应主题的对应数据表中时,应通过清理、转换,对数据进行检验,采用静态集成与动态集成相结合方式提取数据、重新组织、综合和加工,使载入数据仓库中的数据成为完整的、语义统一的、规范的、干净的、可充分满足需求的数据。

地质灾害调查、地质灾害勘察、监测预警、治理工程数据以灾害点(体)统一代码及监测点号或工程号为关键词进行关联。通过元数据读取数据,并依据决策主题对数据维度、粒度定义,将数据抽取、清洗和装载到数据仓库系统中。

地质安全评价以行政区划代码及评价对象编号为关键词,人文经济主要以行政区划代码及行政村组,气象、地震主要以监测点编号进行关联,除依据决策主题对数据维度、粒度、度量定义并提取数据外,这些数据还需根据地质灾害点的分布状况,进行数据重组,再装载到数据仓库中。

地质灾害监测、人文经济等数据将采用动态集成方式,即按一定的周期对数据进行集成,以满足决策需要。

§6.2 ETL元数据分析

ETL过程与元数据密切相关,如图6-1所示(王新英等,2004):①要通过抽取元数据存储的映射规则,ETL才能顺利从数据源中抽取出相应数据;②要通过清洗元数据存储的相关规则,完成清洗工作;③要通过转换元数据存储的有关源数据存储格式、目标数据存储格式的元数据,以及转换规则相关元数据,才能顺利完成ETL过程中的数据转换;④要通过装载元数据存储的规则,完成装载工作。从某种意义上来说,元数据是ETL的控制中心,元数据在ETL中发挥着非常重要的作用(周宏广等,2003)。

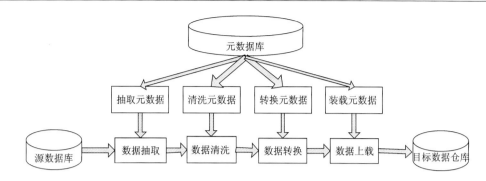

图 6-1 元数据与 ETL 过程的关系

目前,很多人在元数据模型的标准化领域做了大量的研究,并提出了不少元数据的模型标准,其中比较著名的是 OMG 提出的 CWM 标准和 MDC 提出的 OIM 标准,这两个组织于 2000 年进行了合并,接着在 2001 年发布了 CWM 标准,为广大数据仓库厂商提供了统一标准(缪嘉嘉等,2004)。

在 ETL 过程中,元数据管理非常重要,几乎整个 ETL 过程都由元数据驱动。元数据可以说是 ETL 过程、数据仓库甚至整个商业智能(BI)系统的"灵魂"。虽然到目前为止,还没有出现一个对元数据的完整管理模式,但市场上也出现了不少与元数据有关的工具,列举如下。

(1)建模工具。Erwin、Power Designer、Rose。
(2)数据转换工具。Date Stage、Decision Base、Extract。
(3)前端展现工具。BO、Brio、Cognos、DSS Agent。
(4)元数据存储工具。Repository、Metastage、WCC。

在地质灾害数据库仓库建设过程中产生了大量的元数据,其中有关 ETL 部分的元数据主要包括目标数据仓库、ETL 过程、映射等方面产生的元数据。

6.2.1 数据抽取、转换、装载的描述

与数据抽取、转换、装载的描述相关的元数据有数据抽取、转换、装载规则结构。其中数据抽取规则结构包括表名、表的类型、对应事实表名称、映射类型、数据抽取条件等;数据转换规则结构包括数据转换目的表类型、数据转换列的过程名、列名、表名、是否为主码、是否为外码、该属性列的数据类型、数据宽度、所对应的源表类型、所对应的源表列名、数据转换规则等;数据装载规则结构包括装载的表名、表的类型、装载时的优先级、装载时依据的源表、装载时依据源表的源字段、源数据库、装载规则,如表 6-7～表 6-9 所示。

表 6-7 数据抽取规则结构

序号	字段名	数据类型	长度	字段说明
1	TABLE_NAME	VC	255	表名
2	TABLE_TYPE	VC	100	表的类型
3	FACTTABLE_NAME	VC	255	对应事实表的名称
4	MAP_TYPE	VC	100	映射类型
5	DistillCond	VC	100	数据抽取条件

表 6-8 数据转换规则结构

序号	字段名	数据类型	长度	字段说明
1	DATATRS_TYPE	VC	100	数据转换目的表类型
2	FIELDTRS_TYPE	VC	100	数据转换列的过程名
3	COL_NAME	VC	255	列名
4	TABLE_NAME	VC	255	表名
5	PRIMARY_KEY	C	1	是否为主码
6	FOREIGN_KEY	C	1	是否为外码
7	DATA_TYPE	VC	100	该属性列的数据类型
8	DATA_WIDTH	VC	50	数据宽度
9	SOURCETABLE_TYPE	VC	100	所对应的源表类型
10	SOURCECOL_NAME	VC	255	所对应的源表列名
11	MAPMETHOD	VC	1000	数据转换规则

表 6-9 数据装载规则结构

序号	字段名	数据类型	长度	字段说明
1	LOADTABLE_NAME	VC	255	装载的表名
2	TABLE_TYPE	VC	100	表的类型
3	PRIORITY	VC	100	装载时的优先级
4	ACCORDSRCTABLE	VC	255	装载时依据的源表
5	ACCORDSRCTCOL	VC	100	装载时依据源表的源字段
6	SRCDATABASE	VC	255	源数据库
7	LOADCONDITION	VC	1000	装载规则

6.2.2 从源数据到数据仓库的映射

与从源数据到数据仓库的映射相关的元数据有映射结构、映射组件结构、映射属性结构、映射参数结构等。其中映射结构包括信息系统的 ID、信息系统的名称、映射的 ID、映射的名称、显示名、描述、映射类型、根映射组件的 ID、根映射组件的名称,如表 6-10 所示。映射组件结构包括映射的 ID、映射的名称、映射组件的 ID、映射组件的名称、显示名、描述、操作父类型、父转换映射组件 ID、父转换映射组件的名称、作为参数传递的对象的唯一 ID、对象的类型、对象的名称、对象最后修改的时间、对象创建的时间,如表 6-11 所示。映射属性结构包括映射组件的 ID、映射组件的名称、属性的 ID、属性名、显示名、描述、组名、属性的值,如表 6-12 所示。映射参数结构包括映射组件的 ID、映射组件的名称、映射参数的 ID、参数的名称、显示名、描述、转换映射的 ID、映射名、参数组的名、参数组的 ID、参数类型、在映射中参数的位置,如表 6-13 所示。

表6-10 映射结构

序号	字段名	数据类型	长度	字段说明
1	INFORMATION_SYSTEM_ID	N	9	信息系统的ID
2	INFORMATION_SYSTEM_NAME	VC	255	信息系统的名称
3	MAP_ID	N	9	映射的ID
4	MAP_NAME	VC	255	映射的名称
5	BUSINESS_NAME	VC	1000	显示名
6	DESCRIPTION	VC	4000	描述
7	MAP_TYPE	VC	13	映射类型
8	COMPOSITE_MAP_COMPONENT_ID	N	9	根映射组件的ID
9	COMPOSITE_MAP_COMPONENT_NAME	VC	255	根映射组件的名称

表6-11 映射组件结构

序号	字段名	数据类型	长度	字段说明
1	MAP_ID	N	9	映射的ID
2	MAP_NAME	VC	255	映射的名称
3	MAP_COMPONENT_ID	N	9	映射组件的ID
4	MAP_COMPONENT_NAME	VC	255	映射组件的名称
5	BUSINESS_NAME	VC	1000	显示名
6	DESCRIPTION	VC	4000	描述
7	OPERATOR_TYPE	VC	4000	操作父类型
8	COMPOSITE_COMPONENT_ID	N	9	父转换映射组件ID
9	COMPOSITE_COMPONENT_NAME	VC	255	父转换映射组件的名称
10	DATA_ENTITY_ID	N	9	作为参数传递的对象的唯一ID
11	DATA_ENTITY_TYPE	VC	4000	对象的类型
12	DATA_ENTITY_NAME	VC	255	对象的名称
13	UPDATED_ON	DATE		对象最后修改的时间_
14	CREATED_ON	DATE		对象创建的时间

表6-12 映射属性结构

序号	字段名	数据类型	长度	字段说明
1	MAP_COMPONENT_ID	N	9	映射组件的ID
2	MAP_COMPONENT_NAME	VC	255	映射组件的名称
3	PROPERTY_ID	N	9	属性的ID

续表 6-12

序号	字段名	数据类型	长度	字段说明
4	PROPERTY_NAME	VC	255	属性名
5	BUSINESS_NAME	VC	255	显示名
6	DESCRIPTION	VC	4000	描述
7	PROPERTY_GROUP_NAME	VC	255	组名
8	PROPERTY_VALUE	VC	4000	属性的值

表 6-13 映射参数结构

序号	字段名	数据类型	长度	字段说明
1	MAP_COMPONENT_ID	N	9	映射组件的 ID
2	MAP_COMPONENT_NAME	VC	255	映射组件的名称
3	PARAMETER_ID	N	9	映射参数的 ID
4	PARAMETER_NAME	VC	255	参数的名称
5	BUSINESS_NAME	VC	1000	显示名
6	DESCRIPTION	VC	4000	描述
7	MAP_ID	N	9	转换映射的 ID
8	MAP_NAME	VC	255	映射名
9	PARAMETER_GROUP_NAME	VC	255	参数组的名
10	PARAMETER_GROUP_ID	N	9	参数组的 ID
11	PARAMETER_TYPE	VC	5	参数类型
12	POSITION	N	9	在映射中参数的位置
13	DATA_TYPE	VC	4000	参数的数据类型
14	TRANSFORMATION_EXPRESSION	VC	4000	定义转换的表达式
15	DATA_ITEM_ID	N	9	作为参数传递的表达式
16	DATA_ITEM_TYPE	VC	2000	数据对象的类型
17	DATA_ITEM_NAME	VC	255	数据对象名
18	SOURCE_PARAMETER_ID	N	9	作为参数传递对象的唯一 ID
19	SOURCE_PARAMETER_NAME	VC	255	作为参数传递对象的名称
20	UPDATED_ON	DATE		对象最后修改的时间
21	CREATED_ON	DATE		对象创建的时间

6.2.3 数据仓库内对象及数据结构描述

地质灾害防治数据仓库内对象及数据结构描述的元数据有仓库中的表信息结构、键结构、外键结构、键列结构、列结构、属性结构、仓库模式结构、视图结构、维结构、序列结构等。其中表信息结构包括表的所有者、方案的名称、表的对象 ID、表名、显示名、描述、对象最后的修改时间、对象创建的时间；键结构包括约束的所有者、方案名称、实体的 ID、实体的类型、实体的名称、键的 ID、键的名称、键的显示名。

其他都类似，不再具体阐述。

§6.3　ETL 设计

ETL 在传统的业务系统和数据仓库之间架立起了一座桥梁，确保新的数据能够源源不断地进入数据仓库。从整体的角度来看，ETL 的主要作用在于其屏蔽了复杂的业务逻辑，从而为各种基于数据仓库的分析和应用提供了统一的数据接口。

Oracle Warehouse Builder 可以通过透明网关访问各种关系型数据库，包括 Sybase、DB2 和 SQL Server 等，和支持各种平面文件，如 CSV、TXT 和 DAT 等数据文件格式。对于本身就在 Orace 数据库中的数据可直接导入到源数据库中。目前，数据源中的专业属性数据与管理数据已经进行了集成化和标准化处理，并进入 Oracle 数据库。在这种条件下，数据抽取过程数据转化的复杂性大大降低了，可以主要关注数据抽取的接口、数据维度、粒度、数据量大小、抽取方式等方面的问题。地质灾害数据仓库的 ETL 系统架构如图 6-2 所示。

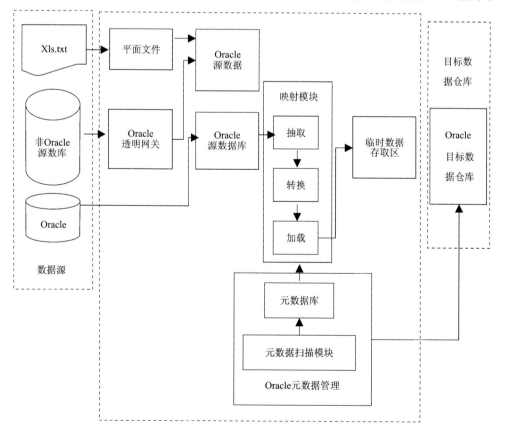

图 6-2　ETL 系统架构图

滑坡敏感性分析事实所涉及的数据来自空间数据库,为 Shape 文件格式的矢量数据。根据基于栅格模型滑坡敏感性分析的需要,需将矢量数据转换为栅格数据,并存储在滑坡敏感性多维数据集中。因此,ETL 设计包括空间数据 ETL 过程和属性数据 ETL 过程两部分:①空间数据 ETL 过程要借助 GIS 工具软件实现矢量数据到栅格数据的转换;②输出平面文件后,再在 Oracle Warehouse Builder 中实现装载。

6.3.1 空间数据 ETL 设计

空间数据的 ETL 设计要从比例尺、地区和滑坡类型 3 个方面考虑:①空间数据按不同比例尺分类(表 6-14);②按县市行政界线对空间数据进行提取(表 6-15);③滑坡按不同类型制作滑坡分布图(表 6-16)。

空间数据 ETL 流程如图 6-3 所示。首先,滑坡敏感性事实的内在因子在栅格化,并完成重分类操作后,与滑坡分布图进行按空间位置联结。然后,输出平面文件(表 6-17),即为包含事实度量的表格。表名编码为 Fact_XX,其中 XX 用县的分类值表示。

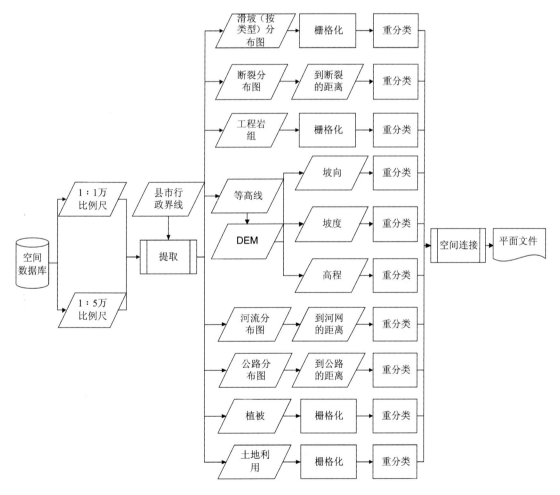

图 6-3 空间数据 ETL 流程图

表 6-14 比例尺分类表

序号	比例尺	规模 ID	规模名
1	1∶100 万	1	小
2	1∶50 万	1	小
3	1∶25 万	1	小
4	1∶10 万	2	中
5	1∶5 万	2	中
6	1∶2.5 万	3	大
7	1∶1 万	3	大
8	1∶5000	3	大
9	1∶2000	4	详尽
10	1∶1000	4	详尽
11	1∶500	4	详尽

表 6-15 地区分类表

序号	县名	省	省名或直辖市名	地区	地区名
1	宜昌	1	湖北	1	三峡库区
2	秭归	1	湖北	1	三峡库区
3	巴东	1	湖北	1	三峡库区
4	兴山	1	湖北	1	三峡库区
5	巫山	2	重庆	1	三峡库区
6	巫溪	2	重庆	1	三峡库区
7	奉节	2	重庆	1	三峡库区
8	云阳	2	重庆	1	三峡库区
9	万州	2	重庆	1	三峡库区
10	开县	2	重庆	1	三峡库区
11	忠县	2	重庆	1	三峡库区
12	丰都	2	重庆	1	三峡库区
13	石柱	2	重庆	1	三峡库区
14	涪陵	2	重庆	1	三峡库区
15	武隆	2	重庆	1	三峡库区
16	长寿	2	重庆	1	三峡库区
17	渝北	2	重庆	1	三峡库区
18	巴南	2	重庆	1	三峡库区

续表 6-15

县	县名	省	省名或直辖市名	地区	地区名
19	重庆市区	2	重庆	1	三峡库区
20	江津市	2	重庆	1	三峡库区

表 6-16 滑坡类型分类

序号	滑坡类型名	类	类名	型	型名	式	式名	期	期名	性	性名
1	复活性孕育期							1	孕育期	1	复活性
2	复活性滑动期							2	滑动期	1	复活性
3	复活性滑后期							3	滑后期	1	复活性
4	新生性孕育期							1	孕育期	2	新生性
5	新生性滑动期							2	滑动期	2	新生性
6	新生性滑后期							3	滑后期	2	新生性
7	渐进推移式					1	推移式				
8	渐进牵引式					1	牵引式				
9	剧动推移式					2	推移式				
10	剧动牵引式					2	牵引式				
11	地震型			1	自然						
12	冲刷型			1	自然						
13	降雨型			1	自然						
14	崩坡积型			1	自然						
15	爆破型			2	人为						
16	挖掘型			2	人为						
17	水库蓄水型			2	人为						
18	堆土型			2	人为						
19	岩质顺层	1	岩质								
20	岩质切层	1	岩质								
21	土质顺层	2	土质								
22	土质切层	2	土质								

表 6-17 输出的事实度量表结构

序号	字段名	数据类型	长度	字段说明
1	GridID	N	4	网格号
2	CountyID	N	4	县 ID
3	ScaleID	N	10	比例尺 ID

续表 6-17

序号	字段名	数据类型	长度	字段说明
4	LsTypeID	N	4	滑坡类型 ID
5	Landslide	VC	1000	滑坡名称
6	Slope	D	8	坡度
7	Elevation	D	8	高程
8	DistRiver	D	8	距河流
9	DistRoad	D	8	距公路
10	SlopeStru	VC	1000	斜坡结构
11	EngiGeo	VC	1000	工程岩组
12	Aspect	D	8	坡向
13	DistFault	D	8	距断层
14	DistFold	D	8	距褶皱
15	Vegeta	VC	1000	植被

6.3.2 属性数据 ETL 设计

在空间数据 ETL 中，按比例尺、地区和不同滑坡类型生成了多个事实度量表，需要进行转换并装载到维表和事实表中。生成的平面文件在 Oracle Warehouse Builder 中可以按外部表的方式引用。因为空间数据已经按比例尺、地区和不同滑坡类型的分类，所以属性数据的 ETL 部分相对简洁，可直接将分类表映射到维表。维表的 ETL 具体流程如图 6-4 所示，各维表的表结构分别见表 6-18、表 6-19 和表 6-20。

事实表的 ETL 具体流程如图 6-5 所示，可直接利用外部表将平面文件中的数据导入到数据源中，使用集合运算将多个事实度量表记录相加，然后映射到事实表中，滑坡敏感性事实表结构见表 6-21。

图 6-4 滑坡敏感性维表的 ETL 流程图

表 6-18 比例尺维表结构

序号	字段名	数据类型	长度	字段说明
1	ScaleID	N	4	比例尺 ID
2	Scale	VC	20	比例尺名
3	ClassID	N	4	类型 ID
4	Class	VC	20	类型名

表 6-19 地区维表结构

序号	字段名	数据类型	长度	字段说明
1	CountyID	N	4	县 ID
2	County	VC	100	县名
3	ProvinceID	N	4	省 ID
4	Province	VC	100	省名
5	RegionID	N	4	地区 ID
6	Region	VC	100	地区名

表 6-20 滑坡类型维表结构

序号	字段名	数据类型	长度	字段说明
1	LSTypeID	N	4	类型 ID
2	LSType	VC	100	类型名
3	ClassID	N	4	类 ID
4	Class	VC	100	类名
5	TypeID	N	4	型 ID
6	Type	VC	100	型名
7	StageID	N	4	期 ID
8	Stage	VC	100	期名
9	CharacterID	N	4	性 ID
10	Character	VC	100	性名

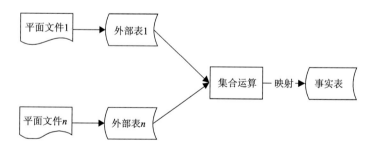

图 6-5 滑坡敏感性事实表的 ETL 流程图

表 6-21 滑坡敏感性事实表结构

序号	字段名	数据类型	长度	字段说明
1	LsType_FKEY	N	4	类型维外键
2	Scale_FKEY	N	4	比例尺维外键
3	Region_FKEY	N	4	地区维外键

续表 6-21

序号	字段名	数据类型	长度	字段说明
4	GridID	N	N	网格号
5	Landslide	VC	100	滑坡名
6	Slope	D	8	坡度
7	Elevation	D	8	高程
8	DistRiver	D	8	距河流
9	DistRoad	D	8	距公路
10	SlopeStru	VC	100	斜坡结构
11	EngiGeo	VC	100	工程岩组
12	Aspect	D	8	坡向
13	DistFault	D	8	距断层
14	DistFold	D	8	距褶皱
15	Vegeta	VC	100	植被

§6.4 ETL 的实现

6.4.1 空间数据 ETL 实现

滑坡敏感性事实的 ETL 实现可分为以下两部分。

(1)空间数据的提取和转换。

空间数据 ETL 工具有很多,如 Saft Software 的 FME、ESRI 公司的数据互操作组件、Intergraph Geomedia 的 GeoMedia Fusion,以及开源工具 PostgreSQL、PostGIS 和 Feature Data Objects 等。ESRI 公司的 ArcToolboxs 工具也提供了旗下产品所支持数据格式之间的提取、转换功能。因为空间数据源数据库的数据已做标准化处理,所以可以使用 ArcToolboxs 工具实现空间数据的 ETL 过程。空间数据的提取和转换的流程化作业可以使用 ArcToolboxs 工具的模型生成器(ModelBuilder)实现。模型生成器是 ArcGIS9 提供的构造地理处理工作流和脚本的图形化建模工具,可简化复杂地理处理模型的设计和实施(汤国安等,2006)。例如:要选取重庆市忠县的等高线,生成 DEM 后,再衍生出坡度图层,然后重分类的过程。如图 6-6 所示,首先由 SELECT 工具通过县名属性完成各县市范围区域的提取,然后由 CLIP 工具根据各县市范围区域裁剪等高线数据,接着由 TIN 生成工具完成不规则格网表面的生成,并转换为 RASTER 格式,得到 DEM 数据。根据 DEM 数据可以由 SLOPE 工具生成坡度,并由 RECLASSIFY 工具执行重分类。将每个空间数据按图 6-3 的思路使用 ETL 模型处理,执行空间连接后,转换为平面文件。

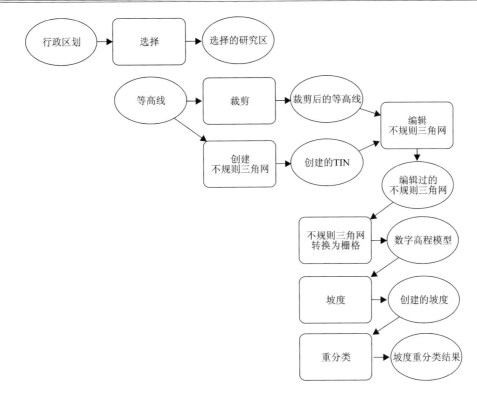

图 6-6　空间数据 ETL 实现模型图

(2)输出平面文件后的装载,使用 Oracle Warehouse Builder 的实现装载过程。

6.4.2　属性数据的 ETL 实现

属性数据的 ETL 在 Oracle Warehouse Builder 中实现,下面以滑坡敏感性多维模型为例,介绍在 OWB 中实现三峡库区地质灾害数据仓库 ETL 过程。

6.4.2.1　创建源数据库和目标数据仓库

数据仓库要将已有的操作型数据库数据源通过 ETL 过程导入目标数据库,首先就要明确数据源和数据目标。在 OWB 中描述数据源和目标是通过源数据库及目标数据仓库来完成的。针对不同的数据源 OWB 提供了不同的数据抽取方法。比如:对于 Oracle 数据库内部的表,可直接利用源数据库中的元数据导入向导将 Oracle 表的元数据导入源数据库;对于平面文件,可以使用文件模块和外部表,将平面文件的元数据导入到源数据库的外部表中;对于 SQL Server 或 Sybase 等异构数据库中的数据,可以利用 Oracle 透明网关来访问获取。

首先,在 OWB 的"设计中心"中定义 Oracle 数据库平台的源数据库和目标数据库,如图 6-7 所示。内部源表创建有两种方式,即导入和新建。导入数据表主要用于源数据库中元数据的定义,在源数据库中使用元数据导入向导选择要导入的表即可。导入后即在源数据库中建立了相应表格的元数据描述。使用元数据导入向导,可将 Oracle 数据库中的表导入到源数据库中,为下一步映射的创建做准备。新建数据表主要用于目标数据表和临时数据存储表的创建。

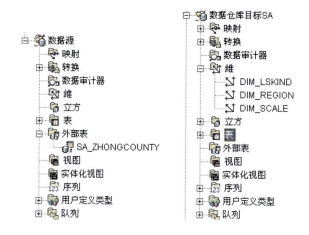

图 6-7　OWB 中的源数据库和目标数据库

6.4.2.2　创建外部表

在 Oracle Warehouse Builder 中可以定义外部表,它能使用户将较大偏移量或分隔符格式的文件用作只读表格,从而使用户可以依据这些表格使用 SQL,在表格或带有数据库对象的连接外部表格上使用复杂的转换。由于它不需要在文件数据上应用复杂的、实施 SQL 的处理逻辑前,将文件装载到关系临时表,因而也减少了处理时间和用户的数据集成过程所需要的磁盘空间。可以从 Oracle Warehouse Builder 的图形用户界面中设计和创建外部表格,也可以通过 Oracle Warehouse Builder 的强大文件抽样功能,从带有已建立格式的现有文件中导入其结构,如图 6-8 所示。

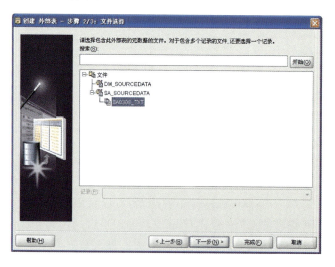

图 6-8　创建外部表

6.4.2.3 创建维

维表也称为查找表或参考表,包含数据仓库中相对静态的数据,通常存储用于查询的信息。维表是星型模式中常用的两种对象之一,维包含级别、层次和属性。维属性用于描述维值,通常是描述性或文字性的。维通常收集低级别的详细数据,然后在较高的级别进行数据汇总或聚集,为分析服务,这种简单的汇总或聚集称为层次。地区维的设计如图6-9所示。

图 6-9　地区维的级别、层次和属性

6.4.2.4 创建立方体

事实表是数据仓库架构中最大的表,用于存储业务度量,通常包括事实度量和连接维表的外键。事实表是以维表为基础对详细数据进行记录的数据表,每个数据仓库都包括一个或多个事实表,事实表是星型模式的中心。创建事实表的过程中,主要是确定主键和定义度量。数值型度量通常是数字的或可加的,用于分析研究;事实表中的主键是由所有的外关键字组成的组合键,用于和相关维表的主键连接。在滑坡敏感性立方体及其相关的维如图6-10所示。

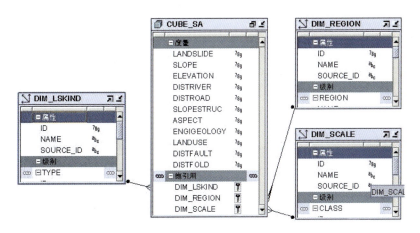

图 6-10　滑坡敏感性立方体及其相关的维

6.4.2.5 创建映射

映射的建立在数据仓库的建立过程中是较为复杂的一步,是完成 ETL 过程的关键。映射完成的主要工作是将数据从数据源模块中抽取出来,将经过转换后的数据装载到目标数据仓库中。地区维和滑坡敏感性立方体的映射如图 6-11 和图 6-12 所示。

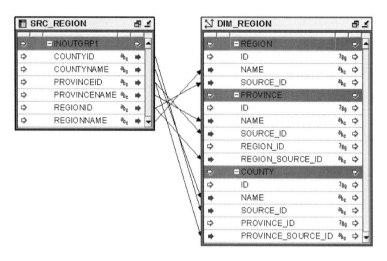

图 6-11 地区维的映射

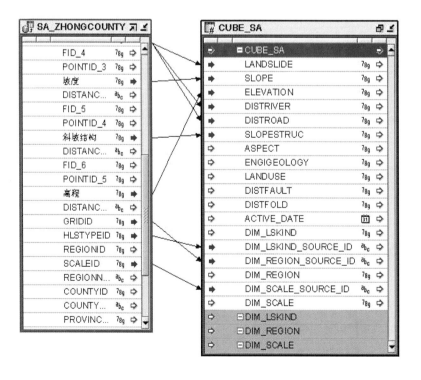

图 6-12 滑坡敏感性立方体的映射

映射主要分为维度的映射和立方的映射。有些映射实现起来相对比较容易,只需在映射编辑器中对表和维做相关字段的简单映射即可,以地区维的映射为例,源表 HAZARD-ADMIN(灾害体信息表)中的 PROVINCE、COUNTY、HAMLET、HAZARDNAME 字段分别映射目标维表(地点维)中省、区县、乡镇、灾害体四个级别相应的"名字"属性中。

大部分映射创建起来相对比较复杂,在建立源字段到目标字段的映射时对个别字段要进行数据格式转换、代码提取、去空值等操作。如源表的某些字段数据类型为 DATE 型,而目标字段为 NUMBER 型,这时可通过 EXPRESSION 算子的 TO_NUMBER()函数进行数据格式的转换;FILTER 算子用于数据的筛选工作,通过在 FILTER 算子的运算符属性中编辑筛选条件,去掉系统中空值等不符合要求的记录;PIVOT 用来对数据进行拆分,可以将一条记录拆分成几条,然后将各列分别转换后粘贴到相应目标行中;当目标表中个别数据无法从源表中得到,可以用 CONST 产生相应的常数;MERGE 语句解决重复问题,根据条件判断记录是否存在,存在的就选择更新,不存在就选择插入等。

下面以稳定性评价立方映射为例,描述如何建立的映射,数据仓库实施人员只要仿照图 6-13 中所示,即可得出相同的效果。

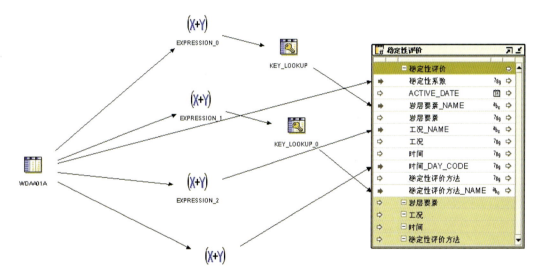

图 6-13 稳定性评价立方映射

表 WDAA01A 为源数据表(表 6-22),可以转化为稳定性评价立方的事实表。图 6-13 中箭头连入的为稳定性评价立方事实表中对应字段。整个映射要做的工作就是将 WDAA01A 中的数据抽取出来,经过必要的转换,最后装载到稳定性评价表中。按照自左向右、从上而下的顺序,下面对每一个图标要完成的功能给予简单说明。

表 6-22 稳定性评价结果信息表(WDAA01A)结构

序号	字段名	数据类型	长度	字段说明
1	WDAA01A010	VC	25	结果编号
2	WDAA01A020	N	4	破坏模式,0—圆弧,1—折线

续表 6-22

序号	字段名	数据类型	长度	字段说明
3	WDAA01A030	N	4	稳定性级别
4	WDAA01A040	D	8	稳定性系数
5	WDAA01A050	D	8	破坏圆弧圆心 x 坐标
6	WDAA01A060	D	8	破坏圆弧圆心 y 坐标
7	WDAA01A070	D	8	破坏圆弧半径
8	WDAA01A080	D	8	破坏圆弧起始角度
9	WDAA01A090	D	8	破坏圆弧终止角度
10	WDAA01A100	D	8	剩余下滑力
11	WDAA01A110	N	4	是否作为标准值,0－否,1－是
12	WDAA01A120	DATE		计算时间
13	WDAA01A130	D	8	当前库水位
14	WDAA01A140	D	8	骤降前库水位
15	WDAA01A150	D	8	降雨入渗深度
16	WDAA01A160	N	4	地震烈度

EXPRESSION 为表达式运算符(图 6-14),可以在此利用 PL_SQL 语句编写各种脚本对表进行各种操作,如字段格式转换、字段截取等。此例中用到了 4 个表达式,前 3 个是对 WDAA01A 表中的 WDAA01A010 字段取出灾害体编号,评价方法编号和工矿编号操作。此字段有 25 位,分别为灾害体编号(16)＋剖面图序号(3)＋评价方法编号(2)＋工况编号(3)＋破坏模式(1)。在表达式运算符中分别编写相应的 PL-SQL 语句(图 6-15),分别为 SUBSTR(INGRP1. WDAA01A010,1,16)、SUBSTR(INGRP1. WDAA01A010,20,2)、SUBSTR(INGRP1. WDAA01A010,22,3),图 6-14 整体展开后如图 6-16 所示。找到编号后,下一步需要找到此编号对应的名字。第 4 个表达式是将源表中的日期型转换成数字类型,以便立方进行存储,立方存储的都是维度关键字和度量。而维度关键字是以数字类型存储,在此的日期是一个维度,因此就需要将日期类型转换成数字类型。转换的表达式为:TO_NUMBER(TO_CHAR(INGRP1. WDAA01A120,'YYYYMMDD'),'99999999')。

图 6-14 映射中的表达式

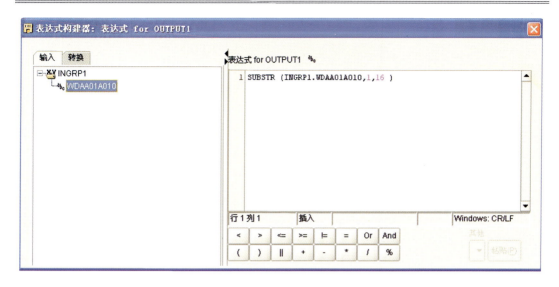

图 6-15 表达式编辑器

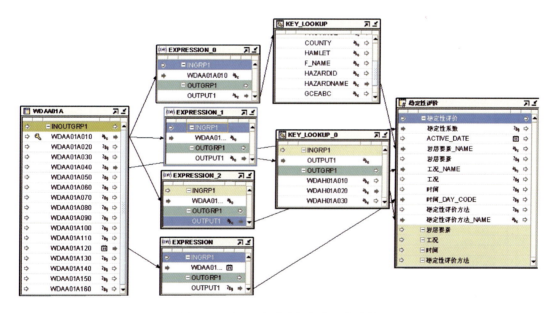

图 6-16 展开后的稳定性评价立方映射

KEY_LOOKUP 运算符是键查找运算符,可以从表、视图、维、立方中查找数据。我们在此例中是需要根据 ID 号查找相应的名称,即需要找到 3 个名称:灾害体、评价方法和工况(图 6-17)。图 6-18～图 6-26 是建立一个查找的过程。通过表达式运算后的结果与 hazard-admin 表中的某一个字段进行链接,然后找到相对应的字段。其他两个原理类似,故不再阐述。

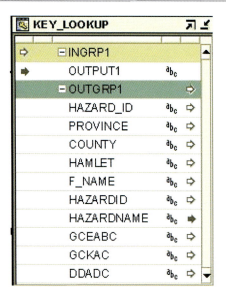

图 6-17　KEY_LOOKUP 运算符

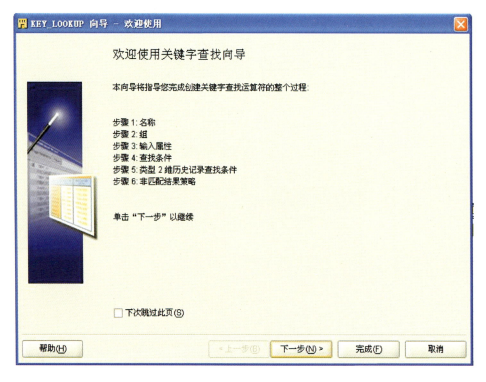

图 6-18　使用向导创建关键字查找运算符

图 6-19 指定关键字查找运算符的名称

图 6-20 为关键字查找运算符定义输入输出组

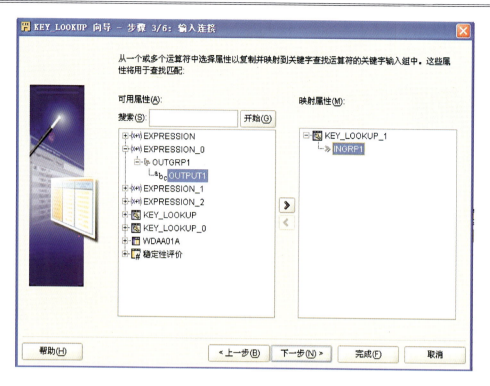

图 6-21 建立关键字查找运算符的属性连接

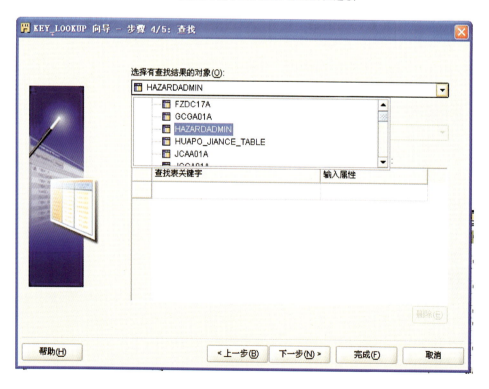

图 6-22 选择查找结果对象

图 6-23 输入查找结果对象属性（关键字为县）

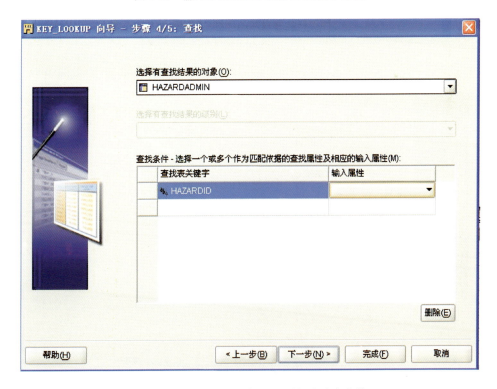

图 6-24 输入查找结果对象属性（关键字为灾害体 ID）

图 6-25 返回具有默认值的行

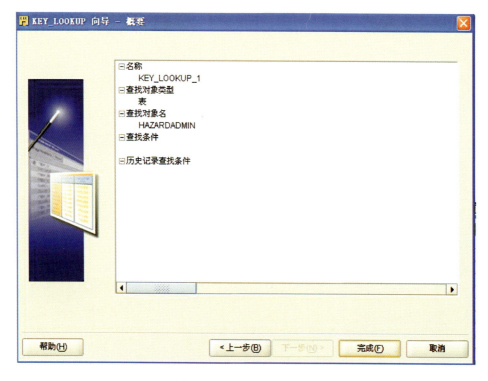

图 6-26 显示查找结构概要

CONSTANT 操作符是常量操作符,用于产生一个常量,如图 6-27～图 6-30 所示为产生一个灾害体地质属性的常量。

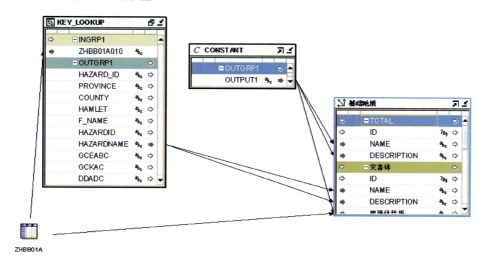

图 6-27　建立常量属性对象连接关系

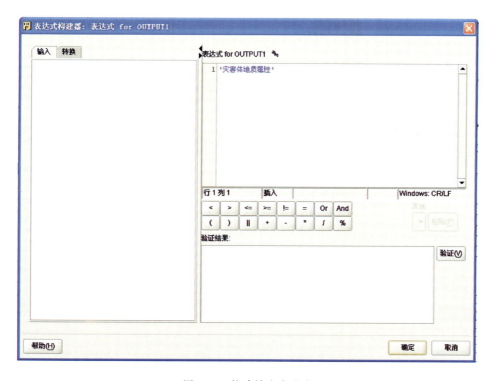

图 6-28　构建输出表达式

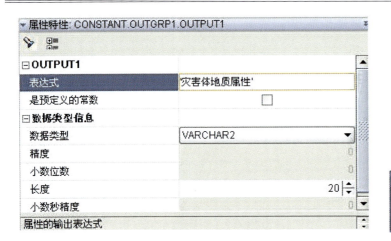

图 6-29 输出特性管理　　　　　　　　　　图 6-30 常量对应输出组

"FLTR"表达式用于筛选工作。虽然数据生成了,但是不一定都符合我们的要求,其中会有大量的记录是无用的,即那些观测值是空的记录。"FLTR"的工作就是将那些不符合要求的记录统统去掉,只将符合条件的记录填入目表 FL 中。我们可以在"FLTR"图标的运算符属性中编写筛选条件,如图 6-31、图 6-32 所示。

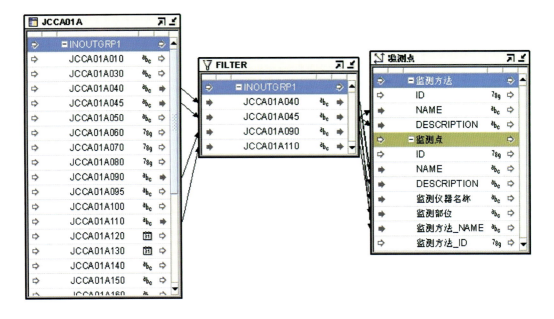

图 6-31 建立筛选条件对应关系

图 6-32 设计过滤条件

6.4.2.6 创建进程流

进程流描述了映射和外部活动(例如电子邮件、FTP 和操作系统命令)之间的关联性。在 OWB 中通过设计并执行进程流,用于实现源数据库到目标数据仓库的最终装载。滑坡敏感性进程流如图 6-33 所示。

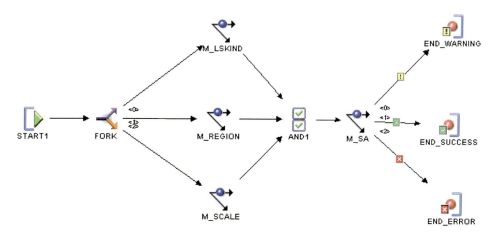

图 6-33 滑坡敏感性进程流

6.4.2.7 部署目标

在定义完成映射之后,ETL 过程的工作并没有完成,之前所做的工作只是完成了元数据的定义,并将其存放在 Oracle 数据库中,至于表和映射包的真正建立以及映射程序包的真的执行都还没有进行。OWB 提供了一个叫做部署管理器(或称控制中心管理器,如图 6-34 所示)的工具,来方便地完成这些工作。在 OWB 中部署是指将定义好的元数据(表和映射等)在 Oracle 数据库中真正地建立起来的过程,部署管理器就是用来完成这项任务的。除此之外,部署管理器还要进行元数据的生命周期管理,元数据不可能一次生成、一次部署后终生不变,它也要经历多次的更改和删除,那么相应地也要对数据库中的表和程序包进行更改与删除,当这类变动非常频繁的时候,这无疑就成了一项复杂的工作,采用这种成体系或半自动的方式来方便地完成这项工作,就被称为生命周期管理,如图 6-34 所示。

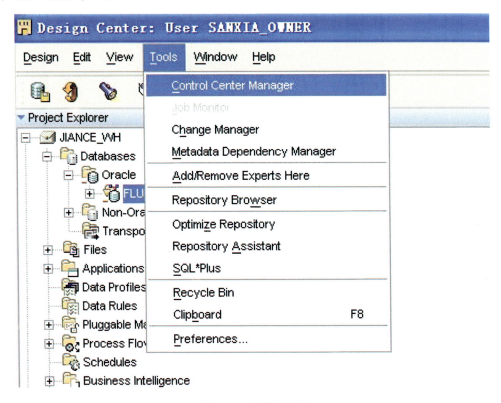

图 6-34 部署管理器

部署管理器是按位置来组织数据的,第一次运行部署管理器要对位置进行注册,对目标位置注册到数据库中要建立数据仓库的目标方案上,最终要建立的表和映射都将建立在此方案之上。当然,也可以通过改变注册来将数据仓库建立在其他方案之上。部署工作比较简单,在部署维和事实数据表之前,先部署关系表和序列。注意在部署事实数据表之前,必须先部署事实数据表引用的维,且在部署维和事实数据表前,保证维和事实数据表的部署选项都为只部署到目录,如图 6-35 所示。

对象	设计状态	部署操作	已部署	部署状态	位置	模块
M_LSKIND	未更改	无	10-3-9 下午10:52	成功	SANXIA_D...	数据仓库目标SA
M_REGION	未更改	无	10-3-9 下午10:52	成功	SANXIA_D...	数据仓库目标SA
M_SA	未更改	无	10-3-9 下午10:52	成功	SANXIA_D...	数据仓库目标SA
M_SCALE	未更改	无	10-3-9 下午10:52	成功	SANXIA_D...	数据仓库目标SA
DIM_LSKIND	未更改	无	10-3-9 下午10:52	成功	SANXIA_D...	数据仓库目标SA
DIM_REGION	未更改	无	10-3-9 下午10:52	成功	SANXIA_D...	数据仓库目标SA
DIM_SCALE	未更改	无	10-3-9 下午10:52	成功	SANXIA_D...	数据仓库目标SA
CUBE_SA	已更改	无	10-3-9 下午10:52	成功	SANXIA_D...	数据仓库目标SA
CUBE_SA	未更改	无	10-3-9 下午10:52	成功	SANXIA_D...	数据仓库目标SA
DIM_LSKIND	未更改	无	10-3-9 下午10:52	成功	SANXIA_D...	数据仓库目标SA
DIM_REGION	已更改	无	10-3-9 下午10:52	成功	SANXIA_D...	数据仓库目标SA
DIM_SCALE	已更改	无	10-3-9 下午10:52	成功	SANXIA_D...	数据仓库目标SA
DIM_LSKIND_SEQ	未更改	无	10-3-9 下午10:52	成功	SANXIA_D...	数据仓库目标SA
DIM_REGION_SEQ	未更改	无	10-3-9 下午10:52	成功	SANXIA_D...	数据仓库目标SA
DIM_SCALE_SEQ	未更改	无	10-3-9 下午10:52	成功	SANXIA_D...	数据仓库目标SA

图 6-35　目标数据仓库中数据对象的部署

6.4.2.8　数据装载

对象部署成功后，通过进程流的执行，即完成数据的装载，可以通过“数据查看器”查看装载成功的数据结果。图 6-36 中显示分别为地区维和滑坡敏感性立方体的数据结构图。

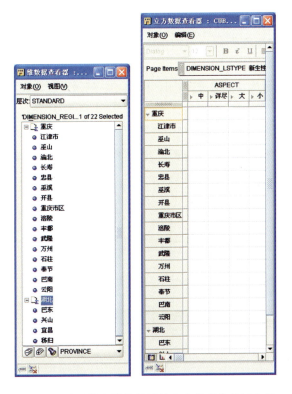

图 6-36　地区维和滑坡敏感性立方体的数据结构图

7 数据仓库管理

数据仓库是一个庞大的系统,并且数据仓库的开发不是一次完成的,而是逐步完善开发的。系统在运行和使用中,根据用户反馈信息不断地调整和改善,还要不断地考虑新的需求来完善系统。因此,数据仓库系统的维护工作非常重要。本系统将采用 Oracle Warehouse Builder 10g 作为开发和管理工具,它是一个企业商务智能集成设计工具,用于管理 Oracle 10g 数据库的数据和元数据的整个生命周期。它提供了易用的图形环境,从而可以快速设计、部署和管理商务智能系统。Oracle Warehouse Builder 10g 可以设计、构建和管理数据仓库、数据集市或商务智能系统。数据仓库管理主要包括数据仓库数据的备份和维护。

§7.1 数据仓库数据的备份

数据仓库的备份与恢复是保证数据仓库安全运行的一项重要内容,也是数据仓库管理员的一项重要职责。在实际运用中,数据仓库可能会遇到一些意外的破坏,导致数据库无法正常运行。数据仓库的备份尤如数据仓库的一份复件,该复件中包含了仓库中所有重要的组成部分,如立方体、维、映射等。当数据仓库系统因意外事故而无法正常运行时,就可以导入该备份文件,将意外损失降低到最小。具体项目的导入、导出如下。

7.1.1 数据仓库工程文件和日志文件的导入、导出

将创建好的数据仓库对象备份到 sanxia.mdl 文件中,如图 7-1 所示。

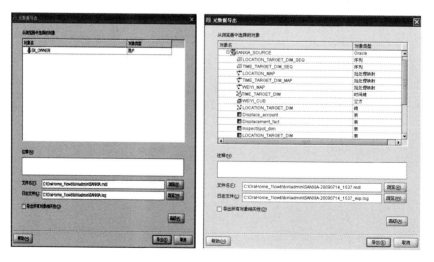

图 7-1 数据仓库工程文件的导出

将创建三峡库区的数据仓库工程文件导入到相应的资料档案库中,使用元数据导入实用程序。将导出文件中的对象导入到 Warehouse Builder 信息库中。将备份的 MDL 文件(SANXIA.mdl)导入到工程中,如图 7-2 所示,导入过程如图 7-3 所示。成功完成导入后,在项目浏览器中将获得数据仓库的维、立方体、映射等项目,如图 7-4～图 7-6 所示。

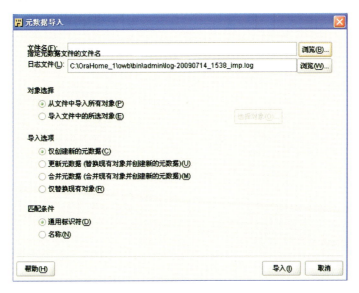

图 7-2 数据仓库工程文件的导入

图 7-3 数据仓库元数据的导入进度

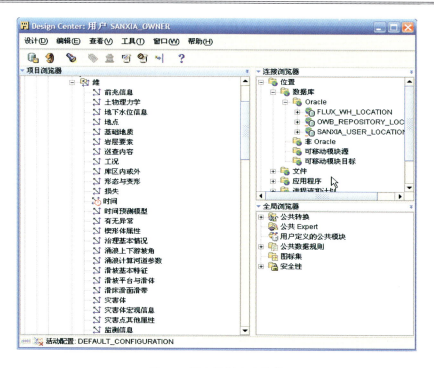

图 7-4　导入数据仓库的维

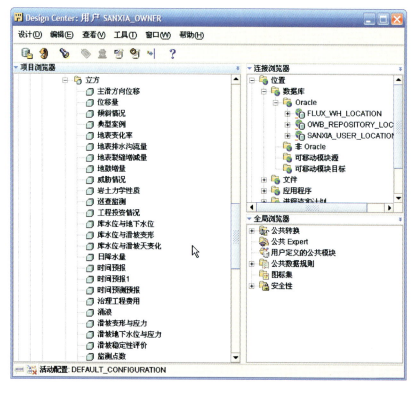

图 7-5　导入数据仓库的立方体

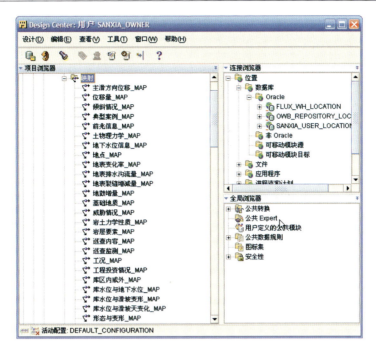

图 7-6　导入数据仓库的映射

7.1.2　数据仓库数据表的导入、导出

数据仓库的用户名和密码为 FLUX_WH/FLUX_WH,所有的数据仓库数据都保存在此用户下。以用户方式导入、导出数据。如图 7-7 所示,在 CMD.EXE 模式下输入导出命令:expdp flux_wh/flux_wh@sanxia dumpfile＝sjck.dmp.将数据备份到 sjck.dmp 文件中。图 7-8 显示正在导出数据仓库的数据表。

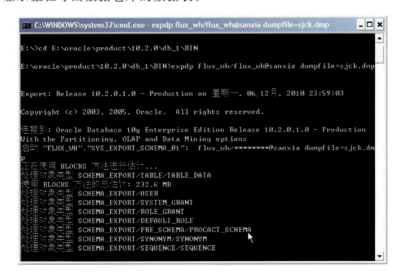

图 7-7　数据仓库数据表的导出命令

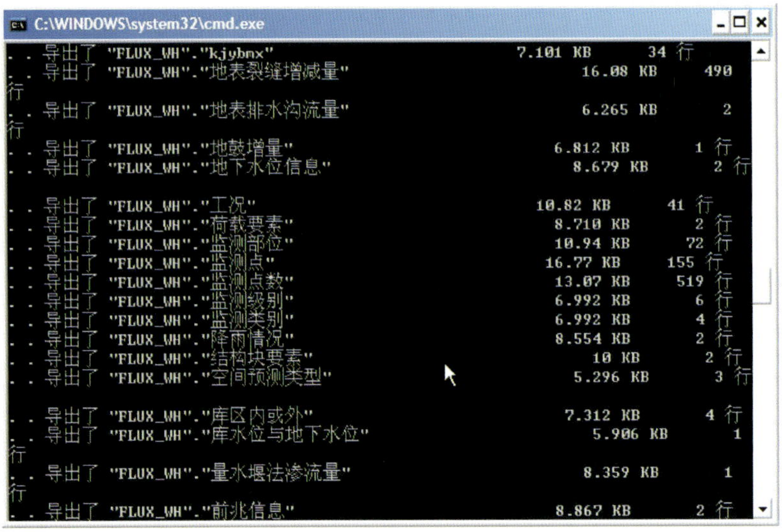

图 7-8 数据仓库数据表的导出过程

数据库的导入过程正好是导出的逆过程,将所备份的 sjck.dmp 文件以用户方式导入到新的 ORACLE 数据库中,导入命令为:impdp flux_wh/flux_wh@sanxia dumpfile= sjck.dmp,如图 7-9 所示,导入过程如图 7-10 所示。

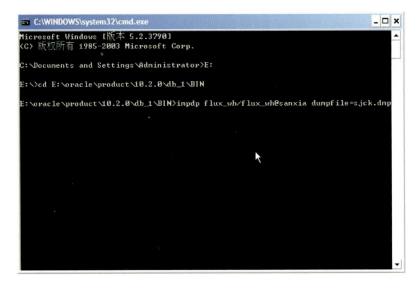

图 7-9 数据仓库数据表的导入命令

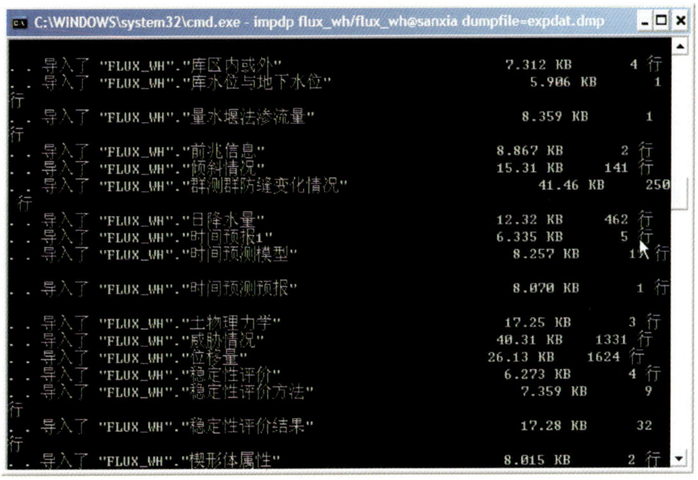

图 7-10　数据仓库数据表的导入过程

7.1.3　数据仓库档案资料库的管理

数据仓库的用户管理是针对开发层使用的。Oracle OWB 运行环境需要创建自己的资料档案用户和档案库所有者用户，通过设置用户的安全参数以维护数据仓库的安全性。用户的管理包括创建数据仓库开发模块的用户、设置用户的安全参数，以及对各模块用户进行权限和角色的管理等。

创建资料档案库所有者和资料档案库用户，sanxia_owner，sanxia_user，需要提供 sys 口令，如图 7-11 所示，创建的概要如图 7-12 所示。

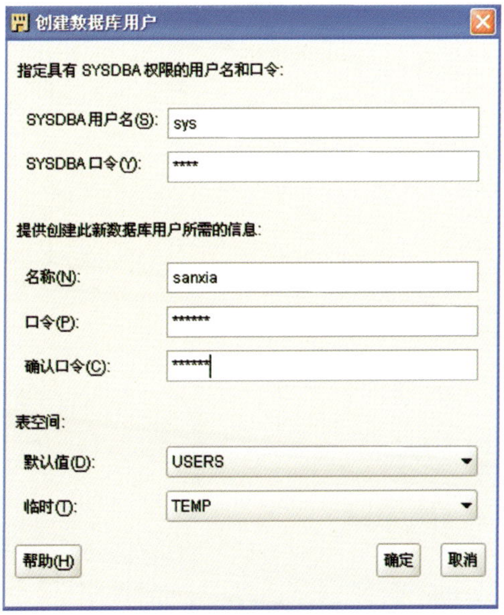

图 7-11　创建资料档案库用户

图 7-12　创建资料概要

不同模块的用户是不同的,如图 7-13 所示,可以为某一模块指定特定用户。

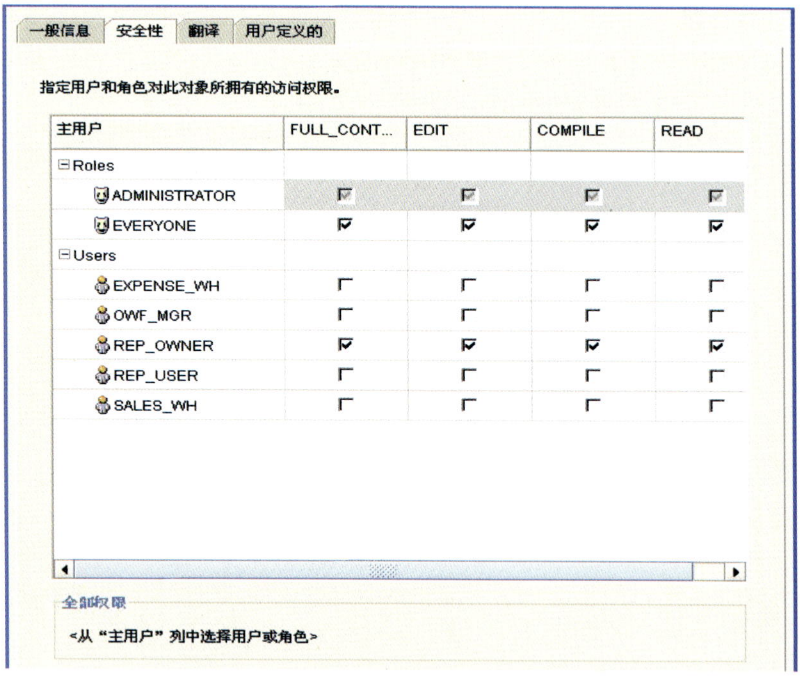

图 7-13　设定模块访问的用户及权限

创建完资料档案库所有者和资料档案库用户,可以对其进行管理,如图 7-14 所示,添加或删除资料档案库所有者如图 7-15 所示,对资料档案库所有者拥有的用户进行添加或删除如图 7-16 所示。

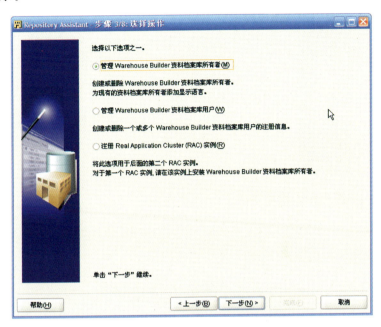

图 7-14　档案库所有者和资料档案库用户

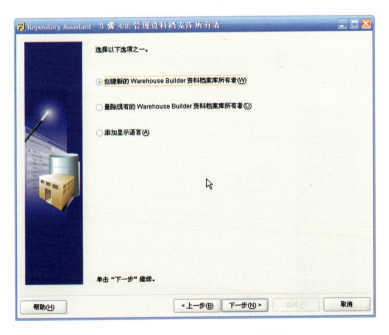

图 7-15　对资料档案库所有者进行管理

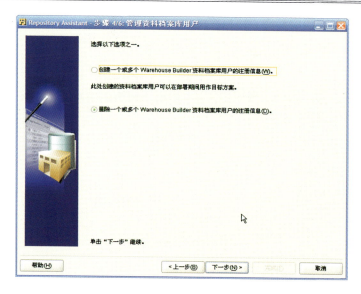

图 7-16　对资料档案库所有者拥有的用户进行管理

§7.2　数据仓库维护

7.2.1　源数据的装载

在 OWB 中创建源数据模块来定义关系表源，如图 7-17 所示。

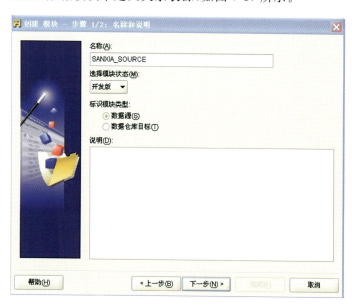

图 7-17　创建源数据模块

使用 OWB Import Metadata Wizard 装入 Oracle 关系数据库模式中的源数据，源数据的类型如图 7-18 所示。

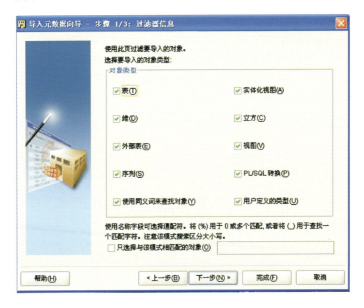

图 7-18　导入源数据的对象类型

导入后的表数据如图 7-19 所示。

图 7-19　导入后的源数据表

7.2.2 数据刷新

定期从操作数据库向数据仓库追加数据,确定数据仓库的数据刷新频率,数据仓库的更新频率取决于单位的需要和数据仓库的用途。典型的更新周期可以是每月、每周或每天。使用"Control Center Service"来执行定期刷新数据仓库数据的任务。图 7-20 演示了部署"升级"操作来刷新数据仓库的数据。

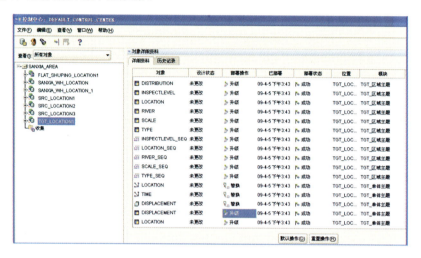

图 7-20　数据刷新

7.2.3 调整粒度

粒度级别的调整,可在"Design Center"中用"映射编辑器"实现。图 7-21 演示了从观测点的日位移量统计汇总到更粗粒度(月或年等)的位移量。

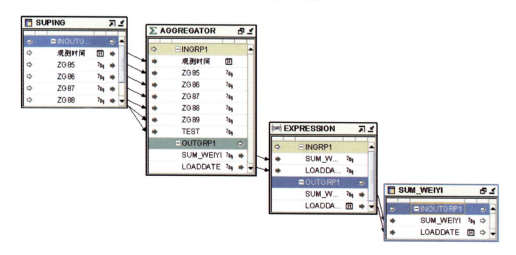

图 7-21　粒度调整

7.2.4 修改属性

新的指标需要修改时,可以通过属性对其修改,如图 7-22 所示。

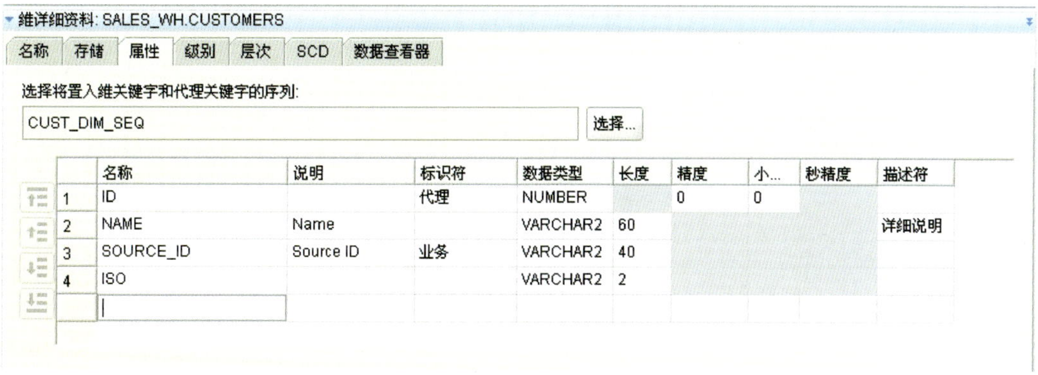

图 7-22 对维属性的修改

7.2.5 数据修改

根据信息系统数据库结构、内容变化对数据仓库进行修改调整。在 OWB 中,映射可实现信息系统数据库数据到数据仓库的目标。图 7-23 演示了源数据到目标数据仓库的映射。

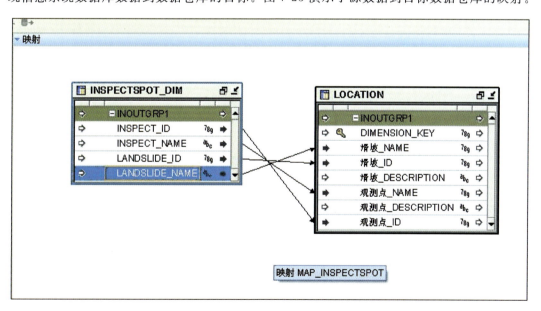

图 7-23 源数据到目标数据仓库的映射

创建映射后,在控制中心执行"创建"部署操作,即完成源数据到目标数据仓库映射的全过程,如图 7-24 所示。

图 7-24 部署映射到目标数据仓库

当信息系统数据库结构、内容变化时,可在"映射编辑器"中执行"同步"操作,如图 7-25 所示。同步后,在控制中心执行"替换"部署操作,即将源数据的变化反映到目标数据仓库中,如图 7-26 所示。

图 7-25 "同步"源数据中的变化

图 7-26 "替换"变化到目标数据仓库

7.2.6 存储历史数据

创建历史数据库来存放历史数据,将过时的数据转化成历史数据。历史数据是经过综合的数据,粒度较大。维值的历史记录如图 7-27 所示。可以修改保存历史记录的有效时间和失效时间如图 7-28 所示。

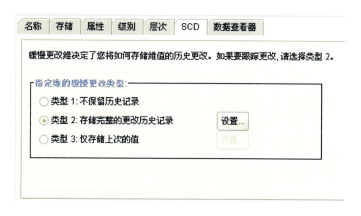

图 7-27 存储完整的更改历史记录

图 7-28 触发历史记录保存操作的属性

7.2.7 数据清除

数据并非永久地注入数据仓库后就不再发生变动了,它在数据仓库中也有自己的生命周期。到了一定的时候,数据将从仓库中清除。为保证数据仓库有足够的空间存储数据,在一段时间周期后将其从数据仓库中删除,如图7-29所示。

图7-29 数据清除

8 联机分析处理

§8.1 OLAP 技术基础

8.1.1 OLAP 概念

联机分析处理(Online Analytical Prcessing,OLAP)的概念最早是由关系数据库之父 Codd 于 1993 年提出的,当时 Codd 认为联机事务分析处理(OLTP)已不能满足终端用户对数据库查询分析的需求,SQL 对大型数据库进行的简单查询也不能满足用户分析的需求。用户的决策分析需要对关系数据库进行大量计算才能得到结果,而查询结果不能满足决策者提出的需求。因此,Codd 提出了多维数据库和多维分析的概念,并将 OLAP 定义为共享多维信息的、针对特定问题的联机数据访问和分析技术。此外 OLAP 委员会也给出了如下定义:OLAP 是使分析人员、管理人员或执行人员能够从多种角度对从原始数据中转化出来的、能够真正为用户所理解的并真实反映企业情况的信息进行快速、一致、交互式访问,从而获得对数据的更深入了解的一类软件技术。

数据仓库侧重于存储和管理面向决策主题的数据,而 OLAP 则侧重于数据仓库中的数据分析,并将其转换成辅助决策信息。OLAP 的一个重要特点是多维数据分析,这与数据仓库的多维数据组织正好形成相互结合、相互补充的关系。

8.1.2 OLAP 的存储结构

多维数据模型的存储结构非常重要,直接影响数据分析的速度和质量。按照数据存储物理组织方式的不同,OLAP 有 3 种方式:关系 OLAP(ROLAP)、多维 OLAP(MOLAP)和混合型 OLAP(HOLAP)(谢天罡,2002;何玉洁,2008)。

8.1.2.1 ROLAP

ROLAP 采用传统的关系数据库,基于星型模式或雪花模式来存储多维数据,然后通过多表连接、分组聚集计算等操作来实现 OLAP 操作。ROLAP 不存储源数据副本,占用的存储空间最小,灵活性强,用户所要分析的数据总能涵盖最新的数据,并且可以动态定义统计或计算方式,其主要缺点是它对用户的分析请求处理时间要比 MOLAP 长。这种存储方式适合于不常被查询的大数据。

8.1.2.2 MOLAP

MOLAP 是利用多维数据库存储 MOLAP 分析所需要的数据,数据以多维方式存储和组织,并以多维视图方式显示,是一种直接为支持多维查询分析处理而设计的结构。MOLAP 存储模式将数据与计算结果都以副本的形式存储在多维数组中。其优点是存取速度最快,查询性能最好,缺点是预处理操作是预先定义好的,这就限制了 MOLAP 结构的灵活性,另外 MOLAP 存储方式需要额外地存储开销。这种存储方式适合于服务器存储空间较大、频繁使用且需要快速查询响应的中小型数据集。

8.1.2.3 HOLAP

HOLAP 是 MOLAP 与 ROLAP 两种结构技术特点的有机结合,能充分满足用户各种复杂的分析请求。在 HOLAP 中,原始数据和 ROLAP 一样存储在原来的关系数据库中,而聚合数据则存储在多维数据库中。其缺点是在 MOLAP 和 ROLAP 之间的切换会影响它的效率。这种存储方式适合于对源数据的查询性能没有特殊要求,但对汇总要求能快速响应的多维数据集中。

表 8-1 总结比较了三种存储方式各自的特点和对不同应用的查询效率。

表 8-1 三种存储模式对比分析

内容	ROLAP	MOLAP	HOLAP
源数据的副本	无	有	无
占用分析服务器存储空间	小	大	小
使用多维数据集	较大	小	大
查询方式	灵活	不灵活	较灵活
源数据查询	慢	快	慢
聚合数据查询	慢	快	快
使用查询频率	不经常	经常	经常

由于三峡库区地质灾害防治数据量巨大,生成和需要使用的多维数据集也很大,查询频率不高,但查询方式需要比较灵活而且体现最新数据,查询时间的响应稍慢也是能容忍的。因此,综合比较而言,单体滑坡灾害数据仓库选用 ROLAP 方式。

8.1.3 OLAP 的多维分析操作

OLAP 技术中比较典型的应用是对多维数据的切片、切块、钻取、旋转等,它便于使用者从不同角度提取有关数据。OLAP 技术还能够利用分析过程对数据进行深入分析和加工。例如:关键指标数据常用代数方程进行处理,更复杂的分析则需要建立模型进行计算。

8.1.3.1 切片

在多维分析过程中,对多维数据集的某个维选定一维成员,这种操作就称为切片,即在多维数据集$(D_1,D_2,\cdots,D_i,\cdots,D_n)$中选一个维$D_i$,并取其一成员$V_k$,所得多维数据的子集$(D_1,D_2,\cdots,\{V_k\},\cdots,D_n)$称为在维$i$上的一个切片。这种切片的数量完全取决于维$i$上的维成员个数,如果维成员数越多,可以做的切片就越多。进行切片的目的是使人们能够更好地了解多维数据集,通过切片的操作可以降低多维数据集的维度,使人们能够将注意力集中在较少的维度上进行观察。

8.1.3.2 切块

与切片类似,如果在多维数据集上对两个或两个以上的维选定其维的成员的操作,就称为切块,即在多维数据集$(D_1,D_2,\cdots,D_i,\cdots,D_j,\cdots,D_n)$上,对$D_i,\cdots,D_j$选定了维成员,那么$(D_1,D_2,\cdots,V_i,\cdots,V_j,\cdots,D_n)$就是在$D_i,\cdots,D_j$上的一切块。当$i=j$时,切块操作就退化为切片操作。

8.1.3.3 钻取

钻取包括向下钻取和向上钻取操作。从粗粒度数据到细粒度数据视图称为下钻,下钻是为了得到细节数据;反之,从细粒度数据到粗数据视图称为上钻,上钻是为了隐藏细节而得到综合数据。钻取深度与该维所划分的层次相对应。

8.1.3.4 旋转

旋转操作是将多维数据集中不同的维进行交换显示,得到不同视角的数据,使用户更加直观地观察数据集中不同维之间的关系。

8.1.4 OLAP 的体系结构

OLAP 的具体实现主要采用 B/S 模式,如图 8-1 所示。

图 8-1 OLAP 体系结构

OLAP 应用服务器直接与数据仓库服务器交互,处理外界查询请求;WEB 服务器完成与用户的交互,直接为用户提供查询、分析数据,接受用户输入;应用服务器与数据仓库服务器交互得到大量数据,对数据进行分析计算后的结果返回给 WEB 服务器,并用直观的方式(如多维报表、饼图、柱状图、三维图形等)展现给最终用户。OLAP 工具还可以同数据挖掘工具、统计分析工具配合使用,增强决策分析功能。这种体系结构使数据、应用逻辑和客户应用分开,有利于系统的维护和升级。当系统需要修改功能或增加功能时,可以只修改三层中的某一部分(胡瑞娟,2009)。

§8.2 OLAP 详细设计

8.2.1 Oracle 业务智能(BI)

Oracle 为构建完善的业务智能(BI:Business Intelligence)和数据仓库(DW)解决方案提供了技术基础。Oracle 数据库 10g 将 ETL、OLAP 和 Data Mining 内置到数据服务器中,并且随时可进行联机分析,Oracle 业务智能套件标准版(SE)通过集成的查询、报表、分析、数据集成和管理、桌面集成以及 BI 应用程序开发功能,实现快速开发和部署数据仓库与数据集市,以及基于数据仓库和数据集市的联机分析处理。

OLAP 子系统将采用 Oracle 业务智能解决方案来实现,Oracle 业务智能是一系列技术和应用程序的组合,是一个集成的综合数据分析和管理系统,其中包括 BI 基础和工具(一系列集成的查询、报表、分析、警报、移动分析、数据集成和管理以及桌面集成功能),以及同类产品中领先数据仓库、OLAP 开发工具、BI 应用程序、BI API 等。

Oracle 业务智能的组成部分包括:
- Oracle BI Spreadsheet Add-In
- Oracle BI Discoverer
- Oracle BI Beans
- Oracle Reports
- Oracle BI Warehouse Builder
- Oracle Data Mining
- OLAP Option to the Oracle Database 10g
- Oracle Database 10g

8.2.2 Oracle 业务智能的实现步骤

构建 Oracle BI 系统通常分三个阶段:合并、发现和共享。

8.2.2.1 合并

(1)将事务源映射到目标数据仓库。Oracle Warehouse Builder(OWB)专门用于合并不同的数据源、执行所需的任何数据转换、管理仓库生命周期以及集成分析工具。OWB 提供了相应的功能来确保数据质量。

OWB 集成器可以连接到平面文件源或关系数据源,通过图形化的映射编辑器(用户直观地对 ETL 操作的各个方面进行设计或建模），可以轻松地使用 OWB 将数据源映射到目标。由于用户可以使用直观的界面设计复杂的转换、内联表达式、多重连接、聚合等，且不需要专门的 SQL 编程知识，因此提高了开发人员的生产效率。

（2）生成提取、转换和装载数据的代码。完成映射模型后，OWB 可以生成 SQL 和 PL/SQL 代码来实例化及填充数据仓库（关系目标和 OLAP 目标）。这样就节省了时间并降低了编写 SQL 代码所需的专业技术。

（3）生成业务区域。将数据合并装载到目标仓库后，Oracle 报表工具可以轻松地分享多维设计，所有信息库和运行时元数据均通过公共视图提供。

8.2.2.2 发现

强大的即席查询和分析工具 Oracle BI Discoverer 即可释放数据所关联的内在价值。

Discoverer 通过显示一个面向业务的数据视图隐藏了底层数据库结构（如 OLAP 多维数据集、表、列、连接等）的复杂性。业务用户可以通过打开由文件抽屉和文件夹表示的面向主题的业务区域、将选定项移动到工作单中来创建报表。使用逻辑层次结构、计算项、连接定义、定制排序方式等，用户只需通过单击和拖动鼠标便可以执行其他复杂的任务。可以使用装载向导或像前面介绍的使用 OWB 创建的业务区域。

OWB 与 Oracle BI Discoverer 之间的紧密集成使用户可以使用基于向导的界面轻松地填充业务区域。Discoverer 可以识别在 OWB 中创建的维和层次，这就提高了生产效率，为最终用户进行即席查询和分析提供了更快的部署。

8.2.2.3 共享

Oracle BI Discoverer 通过它与 Oracle 发布工具的紧密集成促进了与企业共享查询。Oracle BI Discoverer 与 Oracle AS Portal 之间的紧密集成使用户能够将他们中意的报表或报表列表发布到 Oracle AS Portal。企业中的其他用户可以通过浏览这些门户页面轻松地访问这些信息。用户将他们的报表发布为 portlet 上的列表或内容。"List of workbooks portlet"提供了一个工作簿/工作簿名称列表，"Worksheet Portlet"包含数据表或交叉表格式报表、图形或两者都包含，"Gauges Portlet"使用户能够轻松地在速度计中直观地查看数据。

要发布的信息通常从企业数据源中的数据导出，这些数据可能是基于 SQL（关系数据库）的，也可能是基于非 SQL 的，如 XML 数据。通常还有必要组合其他数据源（如 Oracle10g OLAP、Web 服务、文本文件或 JDBC 数据源）中的数据。Oracle Application Server Reports 允许在同一报表中进行多个查询，其中每个查询可以基于不同的数据源。开发人员还可以添加其他基于 Java 的数据源（称作可插入数据源）。

8.2.3 Oracle OLAP 子系统的主要开发环境

Oracle OLAP 子系统的主要开发环境是 Oracle Application Server Discoverer（以下简

称 Oracle AS Discoverer 或 Discoverer),它是 Oracle Application Server Business Intelligence (Oracle 应用服务器业务智能)的关键组件,有了它,系统中所有级别的用户都可以获取自己所需要的信息。Discoverer 允许用户根据需要访问、分析他们的业务数据,并使他们可以更好地理解和优化他们的业务。

Discoverer 为使用即席查询、报表、复杂分析和 Web 发布提供了便利。商务用户可以直接访问数据集市、数据仓库、联机事务处理(OLTP)系统和 Oracle 电子商务套件的信息。Oracle Application Server Discoverer(以下简称 Oracle AS Discoverer 或 Discoverer)是 Oracle Application Server Business Intelligence (Oracle 应用服务器商务智能)的关键组件,有了它,系统中所有级别的用户都可以获取自己所需要的信息。Discoverer 允许用户根据需要访问、分析他们的业务数据,并使他们可以更好地理解和优化他们的业务。

Discoverer 使最终用户可以快速创建、修改和执行即席查询与报表,临时用户可以查看、移动表头和下钻所有预定义的报表和图形。Discoverer 提供了隐藏基础数据结构的复杂性的业务视图,从而使用户可以专注于解决业务问题。

图 8-2 是 Discoverer 的组件示意图,各个组件的主要功能如下。

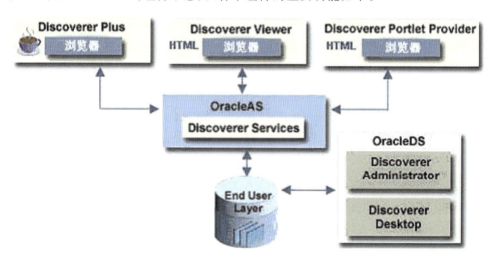

图 8-2　Discoverer 组件示意图

(1)Discoverer Plus / Desktop。Discoverer Plus 和 Discoverer Desktop 使商务用户可以查询、绘图和创建报表。使用 Discoverer Desktop 或 Plus 的用户可以创建查询、下钻、移动表头、对数据进行切片和切块、添加分析计算、绘制数据图表、与其他用户共享结果、以各种格式导出他们的 Discoverer 报表(这样可以更好地了解他们的业务)。Discoverer Desktop 在客户端/服务器体系结构下运行;在可伸缩的 3 层 Web 体系结构中,Discoverer Plus 作为 Java 客户机。

(2)Discoverer Viewer。最终用户可以通过 Web 浏览器来使用此组件查看工作簿。工作簿是在 Discoverer Plus 或 Administrator 中创建的 OLAP 分析的元数据。

图 8-3 是 Discoverer Viewer 进行多维数据分析的示意图。

图 8-3　Discoverer Viewer 进行多维数据分析示意图

(3) Discoverer Administrator。业务和信息技术(IT)数据管理员可使用此组件创建、维护和管理工作簿，数据及用户与该数据的交互。

(4) EUL(End User Layer)。该组件(基于服务器的元数据层)隐藏了基础关系型数据库的复杂性，因此可以使用普通的业务术语与联机字典交互使用 EUL。

(5) Discoverer Portlet Provider。是用于在 Oracle9i AS 门户中发布 Discoverer 数据的内容传输机制。Discoverer Portlet Provider 允许用户发布两种类型 Discoverer portlet：工作表 portlet，在门户中显示 Discoverer 工作表；工作簿 portlet 列表，在门户中显示 Discoverer 工作簿列表。

门户(Oracle AS Portal)是一个用于开发和部署基于 Web 的门户的完整框架。它包含用户管理、安全性、内容定制和开发等特性，用于创建和维护基本的报表、图表和基于表单的应用程序。使用 OracleAS Portal 可以轻松地创建一个按职业角色个性化的商务智能仪表板。可以快速开发表示主要绩效指标(KPI)的图表和/或报表。这些图表和报表被部署为 Portlet。单个用户可以通过选择与其管理重点最相关的 KPI portlet 来定制他们门户的表现方式。如果用户获得授权，则可以更改 KPI 来满足他们自己的需要，门户可以无缝地处理这些个别定制。

(6) Oracle BI Spreadsheet Add-In(Oracle BI 电子表格插件)。Oracle BI 电子表格插件使最终用户能够直接从 Microsoft Excel™ 中显示和浏览 Oracle OLAP 数据。用户可以将 Oracle OLAP 数据视为常规 Excel 数据(例如：创建公式和图形)，这样用户便可以将 Oracle OLAP 的强大分析功能与标准的 Excel 功能结合起来。此时，Excel 就是一个直接连接到支持 Oracle OLAP 的数据库的智能前端。

使用 Oracle BI 电子表格插件的主要优点是，它允许用户使用数据库的所有处理功能直接针对 OLAP 维和度量创建、管理和执行查询。这就使得用户能够查询非常大的数据仓库实例，而这通常因其格式规范的结构所限而超出了 Excel 的能力。用户构建查询后，数据将以普通电子表格的形式显示在 Excel 中，但提供了用于维分页的额外控件。由于 OLAP 查询的外观与普通的 Excel 电子表格完全相同，因此用户可以使用普通的 Excel 业务工具来增强和扩展查询(例如:添加图表),图8-4是用Oracle BI电子表格插件分析OLAP数据的示例。

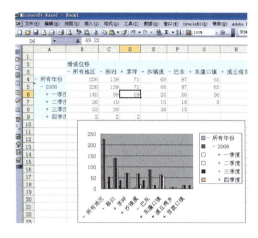

图8-4　Oracle BI电子表格插件分析OLAP数据示例

8.2.4　Oracle OLAP 子系统的特点

使用Discoverer开发的OLAP子系统具有以下特点。

8.2.4.1　Web即席查询分析

Discoverer直观的用户界面可指导最终用户完成构建和发布复杂报表及图形的整个过程。用户可以从多个图表和布局选项中选择,以快速创建他们的查询和OLAP分析结果的直观表现形式。然后,用户可以在数据或图形上执行查询,以查看和分析基础数据,从而识别他们的业务发展趋势和异常。图8-5是Discoverer Web即席查询分析示意图(以三期GPS监测点的即席多维查询分析为例)。

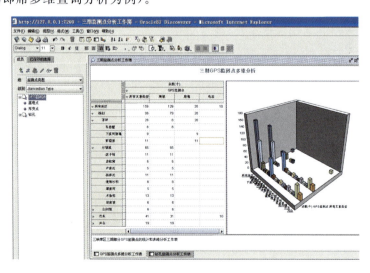

图8-5　Discoverer Web即席查询分析示意图

8.2.4.2 自定义分析和查询

最终用户可使用熟悉的业务术语（而非加密的数据库术语）与他们的数据进行交互。Discoverer 的最终用户层（EUL）是基于服务器的、维护要求低、具有强大的元数据库的查询管理引擎。用户可以不受数据库结构和 SQL 复杂性的困扰。

为帮助用户设置分析计算，Discoverer 提供了用于指导用户使用基本业务术语完成整个过程的模板。这些模板使用户可以设置他们最常用的业务分析，且无需 SQL 知识。

图 8-6 是自定义多维分析工作表时选择项目的界面。

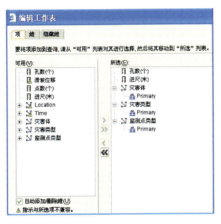

图 8-6 自定义分析和查询示例

8.2.4.3 单一 OLAP 元数据库管理

Discoverer 的单一 OLAP 元数据库使所有用户可以访问同一元数据库。OLAP 元数据通常存放在 EUL 或 Catalog 中，EUL 用于存放关系型数据的 OLAP 元数据，而 Catalog 用于存放多维数据的 OLAP 元数据。OLAP 数据簿和数据表可以在 C/S（客户端/服务器）用户与 B/S（Browser/Server）用户之间共享。这样，用户就不必保存多个版本的相同数据簿和数据表，而且也免除了维护多个元数据库的负担。

图 8-7 是打开以工作簿形式存放的 OLAP 分析元数据的示意图。

图 8-7 以工作簿形式存放的 OLAP 元数据示例

8.2.4.4 易用性

Discoverer 提供了易于理解的图形功能,这些功能支持 54 种不同类型的图形以及与多种特性的强化交互,如图形标题、扩展显示颜色、格式样式、缩放和调整大小选项等特性。用户得益于新图形特性的灵活性和易用性,这些特性提供更多自动设置从而尽量减少手工改变,因此可以使图形的质量最高。

对于所有 Discoverer 客户端,用户增强了他们的报表外观,其中包括公司徽标或其他图片。使用可扩展标记语言(XML)和可扩展样式语言(XSL),超级用户可以自定义用于 Web 的 Discoverer 应用程序以适应他们公司的 Web 站点外观。

Discoverer 工作簿创建器可以轻松创建突出显示达到或超过特定数量的异常分析报表,并用不同颜色(信号灯机制)显示。分析程序可以在结果集中上钻和下钻、移动表头和更改布局以发现趋势或问题。

可以通过各种格式共享和发布报表,这些格式包括 HTML、ASCII、电子表格、TXT、XML 和分发到较大团体的兼容 MAPI 的电子邮件系统。图 8-8 是 Oracle Discoverer 导出的 HTML 页面的示例。

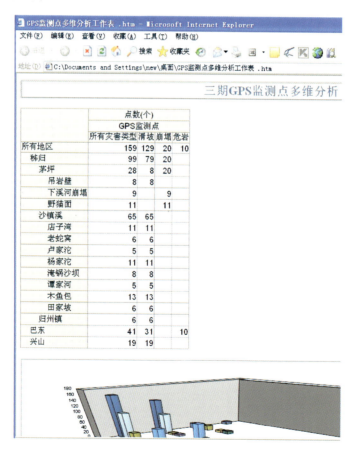

图 8-8 Oracle Discoverer 导出的 HTML 页面示例

8.2.4.5 可扩展性

Oracle JDeveloper(JDeveloper)中的 Oracle BI Beans 专为开发强大的商务智能应用程序(与所有 Oracle 商务智能工具集成)而设计。开发人员可以在利用 Oracle 10g OLAP 功能的同时,用高级可重用组件快速组装集成的 BI 应用程序。Oracle 开发小组在构建查询分析和报表工具时广泛使用了 Oracle BI Bean,向开发人员提供这些 Bean 的目的是使任何定制应用程序保持相同的外观。

8.2.4.6 提供 OLAP API 接口

客户端应用程序访问 Oracle OLAP 数据的方法有以下四种:①Java OLAP API;②SQL通过关系视图;③SQL 通过 OLAP_TABLE,即通过表函数;④OLAP DML 通过 PL/SQL 包。

(1)Java OLAP API。OLAP API 是面向对象的 Java API,提供了封装、抽象和继承。Java OLAP API 提供了连接、多维导航、数据选择、分析功能和游标管理功能。

Java OLAP API 实现了商业智能应用程序与物理数据存储、从数据源获取数据所需的访问方法之间的隔离。这一隔离使 DBA 可以完全自由地管理数据库中的物理存储,同时不会干扰基于 OLAP API 的应用程序。

(2)选择关系视图的 SQL 查询。分析工作空间在数据库中以关系视图展示,因此可用标准的 SQL 对它们进行查询。也就是说,不需要为了能够访问分析工作空间中的数据而修改基于 SQL 的应用程序,所要做的只是使用标准 SQL 查询以关系视图表示的分析工作空间。同样,发生在多维引擎中的计算对基于 SQL 的应用程序也是透明的。

SELECT 和 WHERE 子句被表函数自动转换成多维引擎的 OLAP DML 命令,数据通过 OCI 或 JDBC 返回。同样可以注意到的,来自多维表和关系表的数据可在 SQL 中连接。

(3)SQL 通过 OLAP_TABLE,即通过表函数访问。Oracle 表函数可被直接查询。也就是说,可以绕过表示表函数的关系视图,直接给出面向表函数的 SELECT 语句。这里,SELECT 语句采取如下形式:

SELECT columns FROM TABLE(OLAP_TABLE(analytic workspace,adt,OLAP DML,data map))

columns 是抽象数据类型中表述的一个或多个列,这些通常是表示维度成员和事实的列;OLAP_TABLE 是表函数的名称,adt 是抽象数据类型的名称;OLAP DML 是多维引擎执行的命令,该参数是可选的;data map 描述了 ADT 中列到分析工作空间中物理模型的映射。

在理解直接从表函数选择数据的基本概念时,不必关心表函数、抽象数据类型或数据映射的细节,它们只是提取数据的方法。

应用程序必须知道 OLAP 选项表函数存在以及函数的参数。与其他 SQL 查询一样,数据通过 OCI 或 JDBC 返回,可与 SQL 中的其他数据源(关系表或多维表)连接。

(4)OLAP DML 通过 PL/SQL 包。使用面向多维引擎的 PL/SQL 包,将使应用程序可以直接向多维引擎发出 OLAP DML 命令并返回数据给客户端。如果应用程序需要使用 OLAP 命令或 PL/SQL 程序需要访问分析工作空间中的数据,就可以使用这种方法。若分析工作空间中的数据未通过视图或表函数向 SQL 表示,用户又需要这些数据时这种情况就会发生。

OLAP 选项提供了 3 个允许应用程序与多维引擎进行交互的 PL/SQL 包:DBMS_AW.EXECUTE 允许向多维引擎给出 OLAP DML 命令;DBMS_AW.INTERP 用于返回少量数据到 PL/SQL 程序的变量中;DMBS_AW.INTERPCLOB 用于返回大量数据到 PL/SQL 程序的变量中。

8.2.5 OLAP 子系统的工作簿和工作表

根据三峡库区地质灾害预测预防,以及预警决策的需求,可以将 OLAP 的需求归为对灾害体(单体)的联机分析处理、对监测数据的联机分析处理、对区域(包括移民新城区)的联机分析处理、对防治工程的联机分析处理,由此得出以下的 OLAP 工作簿(Work Book),每一类工作簿下又可继续细分出相应的工作表(Work Sheet)。

8.2.5.1 单个地质灾害体分析工作簿

"单个地质灾害体分析工作簿"对不同地质灾害体的类型、结构、物质组成、诱发因素、地理位置、破坏等级等属性进行多维分析,使得决策者对三峡库区内地质灾害体的总体数目、规模、威胁的人数、可能造成的经济损失等有一个全面的把握,该工作簿中的分析主要是沿着地理位置维进行上钻和下钻,涉及的度量值和计算度量值包括危害体的体积、位移量、危害人数等,包含①滑坡体分析工作表:对库区内的滑坡体进行统计分析;②崩塌体分析工作表:对库区内的崩塌体进行统计分析;③危岩体分析工作表:对库区内的危岩体进行统计分析。

8.2.5.2 监测数据分析工作簿

"监测数据分析工作簿"对区域内灾害体的监测数据进行多维分析评估,使得决策者对三峡库区内地质灾害体的长期、中期和短期的变化情况有清晰的了解,还可对超过一定阈值的变化实现"信号灯"预警,例如监测的累计滑坡位移超过一定量以后,显示为红色,在安全范围内可以显示为绿色或黄色。该工作簿中的分析主要是沿着时间维和地理维进行上钻和下钻。尤其是将会频繁在时间维进行聚合和汇总,涉及的度量值和计算度量值主要是对单个地质危害体的监测数据,包括专业监测数据、群测群防监测数据,包含以下工作表。

(1)监测点统计分析工作表。对全库区施行专业监测、群测群防的灾害点及监测点的分布情况进行统计分析。

(2)钻孔专业监测分析工作表。对钻孔监测数据(如滑坡深部位移、滑坡推力等)进行统计分析。

(3)GPS 专业监测分析工作表。对 GPS 监测数据(如裂缝相对位移等)进行统计分析。

(4)其他专业监测数据分析工作表。对其他各类专业监测数据(如地下水位、江河水位、降水量等)进行统计分析。

(5)群测群防监测数据分析工作表。对各类群测群防监测数据(如地裂、地鼓、泉水、井水、塌陷、地声、崩滑、井塘漏水、动物异常等监测数据)进行统计分析,由于群测群防数据具有一定的随机性,不一定严格按照时间间隔采样,数据比较稀疏,因此有可能把它们作为普通属性数据,而不作为度量数据。

8.2.5.3 区域分析工作簿

区域分析主要是对不同区域进行评价,即结合近期气象、库水位变化等信息,对区域的危险性及变化趋势进行评估。区域分析与单个地质灾害体的分析要紧密结合,因为对区域造成威胁的主要是各个灾害体。由于移民新城区也属于区域,因此,对移民新城区的分析也归入此类。"区域分析工作簿"包含以下工作表。

(1)区域分析工作表。对区域的属性数据(如坡度、坡向、坡面形态、地层、断层、褶皱等)、相关的气象数据(如有效降雨量、降雨强度等),以及库水位变化数据进行统计分析,从而分析区域的灾害易发性。

(2)移民新城区分析工作表。对移民新城区区域内潜在不稳定地质灾害点(体)、高切坡、库岸数据、治理工程数据、气象数据以及人口、建筑、交通设施等人文经济数据进行分析,对移民新城区内灾害发生的危险性进行评估。

8.2.5.4 防治工程分析工作簿

防治工程分析主要是对目前三峡库区地质灾害防治的主要工程措施(如锚索、喷射混凝土、填筑混凝土、护坡工程、削坡减灾、排水工程、抗滑桩支挡、抗滑挡土墙、锚杆等)进行统计分析和评估。"防治工程分析工作簿"包含以下对防治工程的位置、工程造价、施工时间、施工参建方、施工事故、施工监理、治理效果等数据进行统计分析的数据表。

8.2.6 OLAP子系统的安全性设计

OLAP子系统对各类工作簿和工作表的访问有着严格的限制,主要可以分为3类用户。

8.2.6.1 OLAP系统管理员

OLAP系统管理员主要负责以下工作。

(1)维护和管理Oracle业务智能应用服务器(Oracle Business Intelligence Application Server)的配置管理工作,包括应用服务器的启动、停止、性能调控。

(2)负责OLAP分析元数据的管理,包括OLAP工作簿和工作表访问权限的设定,元数据的导入、导出、备份等,导入导出可以采用TXT、Excel、Access等多种文件格式。

(3)多维立方体中数据装载和更新策略的设定,如采用覆盖式更新还是增量更新,是手工更新还是按照时间表更新等。

（4）多维数据汇总的设置和管理，通过对多维数据进行汇总来提高查询和分析的速度，设置物化视图的生成、删除、更新策略，对表空间进行监测，在空间消耗和效率提高上取得有效的平衡。

OLAP 系统管理员需要具备一定的数据库和数据仓库 DBA（数据库管理员）的专业知识，需要具备相当高的专业技术能力方可胜任。

8.2.6.2 OLAP 工作簿管理员

OLAP 工作簿管理员负责生成、维护各类工作簿、工作表，并且决定是否将自己创建的工作簿和工作表共享为公用的（可以给普通的 OLAP 用户使用）或是私有的（只能自己使用），还要确定哪些用户可以完全控制（读写）工作簿和工作表，哪些用户只能使用（只读）工作簿和工作表。

OLAP 工作簿管理员必须熟悉数据仓库中关系数据和多维数据的结构，同时还必须了解 OLAP 用户的应用需求，才能够设计出满足需要的各类工作簿和工作表。另外，对 OLAP 用户的权限分配也要非常清楚。OLAP 工作簿管理员需要具备基础的数据库管理知识，而最重要的是要精通用户的业务。

8.2.6.3 OLAP 普通用户

OLAP 普通用户只能使用已经定制好的工作簿和工作表来对数据进行统计分析，不能对工作簿和工作表等 OLAP 元数据进行修改，但是可以对查询的诸如显示的字体、颜色、布局等界面属性进行自定义设置。

综上所述，根据三峡库区地质灾害预测预防联机分析的需要，可以设置以下数据库角色。

（1）OLAP 系统管理员角色。通常，这类角色只包含极个别的用户，通常具有数据库管理员，以及应用服务器管理员的权限。

（2）OLAP 工作簿管理员角色。还可细分为"单个地质灾害体分析管理员角色""监测数据分析管理员角色""移民新城区分析管理员角色""防治工程分析管理员角色"，分别对前面所说的四类工作簿和工作表进行创建与维护。

（3）OLAP 普通用户角色。还可细分为"单个地质灾害体分析普通用户角色""监测数据分析普通用户角色""移民新城区分析普通用户角色""防治工程分析普通用户角色"，分别可以使用前面所说的四类工作簿和工作表。

8.2.7 OLAP 子系统的性能设计

由于 OLAP 会涉及到海量的数据检索和分析，如果用户直接从详细事务表或立方体中查询，可能会导致查询消耗很长的时间，从而严重降低了 OLAP 的效率，因此，有必要采取必要的手段来提高 OLAP 的性能。

在三峡库区地质灾害预测预防数据仓库 OLAP 子系统中,采用汇总技术来解决这一问题,当正确使用时,它可以大大提高查询的响应速度。

汇总表中含有预先聚合和预先连接的数据。导向汇总表的查询可以在几秒钟内返回结果,而导向基本数据表或立方体的查询可能会需要多张表的连接,以及聚合几百万行,花费的时间就会相当长,虽然这两种查询方式都会产生相同的结果,但是,基于汇总表的查询可以提供对常见查询的快速响应。

8.2.8 OLAP 子系统的原型示例

图 8-9 是采用双 Y 轴展示地质灾害监测立方的联机分析效果原型示例。

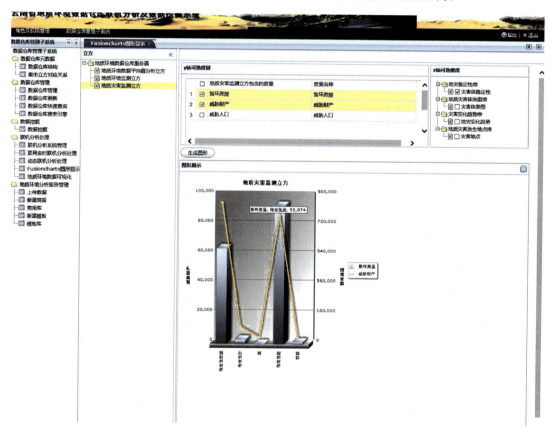

图 8-9 联机分析设计示例

9 数据挖掘

§9.1 数据挖掘在数据仓库中的应用概述

近年来,数据库技术得到了迅速发展,许多领域都建立了大量的数据库,并通过网络以各种形式提供有关服务。数据库中大量的数据隐藏着许多有价值的信息,是不可多得的知识信息源,而目前的数据库系统一般只限于一些基本的数据查询操作,通过数据库管理系统只能对数据"粗加工",不能从这些数据中归纳出隐含的带有结论性的知识,使得这些有用知识不为人知,无法利用,实际上是对数据库信息资源的一种浪费。因此,对数据的进一步加工和内容分析显得越来越重要。在这样的背景下,数据仓库、数据挖掘和知识发现等技术应运而生。

数据挖掘和知识发现是数据库技术深层次的应用,它能从大量数据中抽取出具有一定规律的知识,深层次的开发可以进一步提高信息资源的使用价值,充分利用信息资源,提高使用效益。数据挖掘和知识发现为决策分析带来了新的途径,能更好地解决日益复杂多变的决策环境问题,进一步提高了决策的准确性和可靠性,为科学决策提供了基础。

数据挖掘(DM)就是从大量的数据中挖掘那些令人感兴趣的、有用的、隐含的、先前未知的和可能有用的模式或知识的过程。许多人把数据挖掘视为"数据库中知识发现"(KDD)的同义词,另一些人只是把数据挖掘视为数据库中知识发现过程的一个基本步骤(图 9-1)(韩家炜,2006;刘同明,2001)。

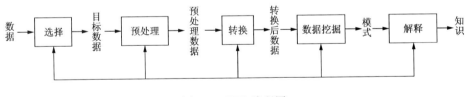

图 9-1 KDD 流程图

数据挖掘与传统数据分析工具的主要区别在于它们探索数据关系时所使用的方法。传统分析工具使用基于验证的方法,即用户首先对特定的数据关系做出假设,然后使用分析工具去确认或否定这些假设。这种方法的有效性受到许多因素的限制,如提出的问题和预先假设是否合适等。与分析工具相反,数据挖掘使用基于发现的方法,运用模式匹配和其他算法决定数据之间的重要联系(刘同明,2001)。

被挖掘的数据源通常是数据库或数据仓库。数据仓库和数据挖掘所具有的特性使两者的结合已成为必然趋势(蒋良孝等,2003)。数据仓库是面向决策分析的,数据仓库从操作型数据中提取并集成得到分析型数据后,需要各种决策分析工具对这些数据进行分析和处理,以便得到有用的决策信息。数据挖掘技术具备从大量的数据中发现潜在信息的能力,因此数据挖掘就自然成为数据仓库体系结构中进行数据深层次分析的一种必不可少的手段。数据挖掘往往依赖于经过预处理和良好组织的数据源，数据源预处理的好坏直接影响着数据挖掘的结果，因此数据的前期准备是数据挖掘过程中的一个非常重要的阶段。数据仓库中的数据则是从各种数据源中获取，数据在进入仓库之前经过 ETL 处理，ETL 过程具有对数据进行清洗、提取、转换和装载等功能，这恰好为数据挖掘提供了良好的前期数据准备工作。目前许多数据挖掘平台都采用了基于数据仓库的技术。其中，由 DBMiner Technology 公司开发的 DBMiner 平台、加拿大 Simon Fraser 大学开发的 GeoMiner 和由中国科学院计算技术研究所开发的 MSMiner 都很具有代表性。

DM 和 KDD 是多学科和多种技术交叉综合的新领域，它综合了机器学习、数据库、专家系统、模式识别、统计、管理信息系统、基于知识的系统、可视化等领域的有关技术，因而数据挖掘与知识发现方法是丰富多彩的(李德仁等，2000)。针对滑坡灾害预测预报数据的特点，可采用的方法有时间序列分析、支持向量机、云理论、关联规则、人工神经网络、粗糙集、遗传算法等。Oracle Data Mining(ODM)是 Oracle 数据库选件的一个组件，它提供了强大的数据库挖掘算法，可以让数据分析师发现洞察、作出预测。算法以 SQL 函数形式实现，充分利用了 Oracle 数据库的优势。SQL 数据挖掘函数可以挖掘数据表和视图、星型模式数据，包括事务性数据、聚合、非结构化数据，以及空间数据。以下的地质灾害数据挖掘实例是基于 ODM 实现的，和传统方法相比，ODM 体现出其优势。

§9.2 滑坡敏感性分析应用实例

滑坡灾害敏感性区划一直是国内外学者研究的热点，而危险性区划和风险区划相对较少，也是研究的难点(汪华斌等，2008)。通过滑坡灾害现象的发生和各内在因子之间定性和定量的统计关系，可以确定影响滑坡发生的主要因素，即导致滑坡灾害易发因子的敏感性分析(汪华斌等，2008)。滑坡灾害敏感性分析总体上分为定性、定量的方法或直接和间接的方法，主要适用于中小比例尺范围内滑坡发生可能性分析。定性的方法主要根据主观经验对滑坡变形失稳的可能性进行定量描述，而定量模型则是对滑坡发生失稳的可能性进行估计；直接的方法包括根据地形地貌图等相关图件进行判断，而间接的方法则是采用逐步评估的方法。首先对整个区域或一部分区域的滑坡进行识别，作为训练区域，确定与滑坡稳定性有直接或间接联系的相关因子，估算因子对滑坡失稳的影响程度，然后进行整个区域的滑坡敏感性划分(汪华斌等，2008)。滑坡灾害敏感性分析重要的理论基础是工程地质类比法，即类似的滑坡工程地质条件及组合应具有类似的斜坡不稳定性和可能的滑坡作用，现有的类比方法已经从定性的类比发展到定量的类比(殷坤龙等，2007)。随着计算机技术和地球信息科学的高速发展，GIS 技术与定量化的滑坡地质灾害空间预测模型方法的结合也成为地质灾害研究的新领域，常用的定量预测模型有信息量法(石菊松等，2005；E. Cevik 等，2003；张桂荣等，2005；高克昌等，2006)、证据权法(John 等，2007；王志旺等，2007；Bettina 等，2007；Ranjan 等，2008)和 Logistic 回归(Gregory 等，2003；Lulseged 等，2005；李雪平等，2005；Ru-Hua SONG 等，2008；邢秋菊等，2004；E. Yesilnacar 等，2005)等。同时，基于知识发现和数据挖掘的方法也有一定的探索研究，例如人工神经网络(E. Yesilnacar 等，2005；C. Melchiorre 等,2008;Leonardo 等,2005;D. P. Kanungo 等,2006;Saro Lee 等,2004;H. A. Nefeslioglu 等,2008;Yilmaz 等,2009)、支持向量机(马志江等,2003;戴福初等,2007;X. Yao 等,2008;胡德勇等,2007)、粗糙集(Colin,1999;Pece 等,2008;向仁军等,2005;张安兵等,2007)遗传算法(汪华斌等,2008;文家海等,2004)、决策树(亓呈明等,2006;赵建华等,2004;Hitoshi 等,2009)等。

9.2.1 滑坡灾害敏感性分析的主要流程

滑坡空间预测目前主要是依托 GIS 技术收集滑坡发生的环境因子相关资料,建立空间数据库,进而分析滑坡灾害发生的直接和间接因素,定量地统计区域滑坡与环境因子之间的内在联系,划分滑坡灾害敏感度,为区域滑坡灾害的时空预测提供良好的研究基础(汪华斌等,2008)。滑坡敏感性分析的主要流程图包括多源空间数据采集与录入、高精度空间数据库的建立、GIS 支持下的数据处理、运用评价分析模型和敏感性区划等内容,如图 9-2 所示。

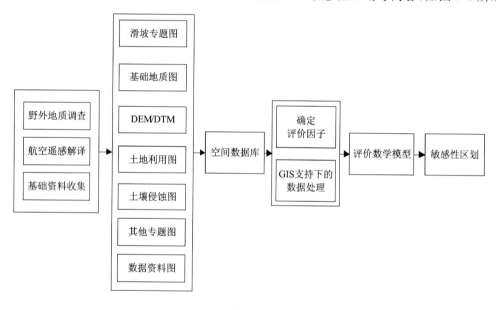

图 9-2 滑坡敏感性分析流程图

由图 9-2 可知,在数据挖掘模型处理之前,要确定评价因子(不同比例尺的空间预测所选取的评价因子不同)并以地理信息系统作为工具进行数据处理,即将灾害敏感性分析中考虑的各种因子归一化处理后转换成相同空间分辨率的定量数据,然后根据特定模型进行数据运算,最后得到灾害敏感性区划结果图(张桂荣等,2005;李军等,2003)。基于栅格 GIS 的滑坡空间预测已得到普遍的认可和使用,在基于栅格 GIS 的滑坡灾害敏感性分析中,研究对象和过程的空间位置由栅格的位置来表示,而每个栅格可以与位置上的一个或多个地理属性(如已知滑坡、地层岩性、坡度、坡向、高程、植被和地质构造等)联系在一起。栅格网不但反映各地理变量的空间异质性,同时也便于考虑它们在空间上的相互作用,进而能够模拟地理现象在结构和功能方面的动态过程。李军等(2003)对网格单元大小的选取做了细致的分析,并给出了经验公式,使用范围是数据精度在 1∶500~1∶100 万之间。也有学者认为评价单元为网格单元的做法割裂了斜坡系统固有的内部联系。在条件允许的情况下,特别是当有充分的野外调查时,区域滑坡评价应尽量采用自然斜坡单元,力求系统地反映斜坡单元的真实状态(黄润秋等,2004)。评价单元为自然斜坡单元的研究在1:1万大比例尺下有少量报道(邓清禄,2000;石菊松等,2008)。以下介绍的数据挖掘方法在滑坡敏感性分析中的应用都是基于栅格GIS模型进行的。

9.2.2 研究区概况

研究区为忠县顺溪,面积约为10km²。整体属四川盆地,低山丘陵地貌,长江以西地形起伏不大,长江以东由丘陵过渡到低山,在低山区地形切割较深,高差较大,冲沟发育。区内水系较发育,冲沟较多,雨量充沛,多年平均气温18.2℃,多年平均降雨量为1171.1mm/a,日最大暴雨量达237.1mm/d,小时最大降雨量为58.6mm/h。侏罗纪地层的岩性具有含水层和隔水层的特点。研究区主要处于长江左岸岸坡,斜坡呈陡缓相间的台阶状地貌,缓坡平台为长江侵蚀阶地,高程175m左右有一平台,台面宽数十米至100余米。陡坡部位坡度40°~70°。出露地层为上侏罗统蓬莱镇组(J_3p)厚层状灰绿色块状长石石英砂岩及紫红色泥岩泥质粉砂岩,呈互层结构。软弱相间的岩体结构,是容易导致崩塌滑坡的结构。地层中节理较为发育,主要有两组:80°∠76°和20°∠80°,均为剪节理,节理面平直,延伸长度一般几米到十几米,节理间距多在1~2m。节理是控制此区斜坡变形破坏的主要控制因素之一。长江干流穿过本区,三峡水利枢纽工程建成后,库区水位上升,区内长江两岸河流水位普遍有所上升,对库岸稳定构成一个不稳定因素。顺长江岸坡海拔高程210m左右有沿江公路(简易公路)通过,由于公路开挖,沿内侧形成了高8~12m的边坡,坡度一般60°~70°。由于该区内的地层岩性特征、水文地质及工程活动等因素的影响和控制,场地环境较差,使其成为地质灾害的高易发区。研究区内地质灾害点共发现滑坡5处,研究区如图9-3所示。

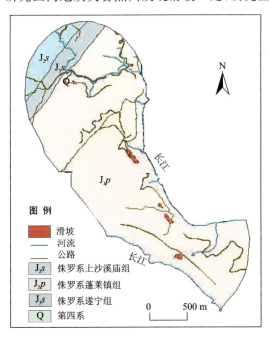

图9-3 研究区概略图

9.2.3 数据源及预测变量

数据源包括1∶1万数字化地形图、地质图和滑坡编录。根据野外作业和数据的可获取性,选择距公路距离、距河流距离、坡度、斜坡结构和高程5个因子作为预测变量,其中斜坡结构因子由坡向和产状综合分析得到,坡度、坡向、高程由1∶1万数字化地形图生成的数字高程模型(DEM)得到。选取DEM的栅格大小为10m×10m。上述6个度量分别按表9-1的要求分类为离散化变量,其中定性变量按属性值分类,连续性变量分类根据专家经验和双变量统计方法(Cevik等,2003)(统计分析已发生滑坡和致滑坡因子之间的关系)验证结合的方法确定。

已知滑坡和致滑坡因子按照滑坡敏感性多维模型的设计实现多维模型的创建,然后基于数据仓库中的事实表生成的实体化视图,由Oracle Data Mining中数据挖掘算法调用。

表9-1 数据重分类和相应的分类值

数据层	分类和相应的分类值						
坡度(°)	>45	30~45	15~30	<15			
	1	2	3	4			
高程(m)	>300	<150	250~300	150~200	200~250		
	1	2	3	4	5		
距河流的距离(m)	>250	≤250					
	0	1					
距公路的距离(m)	>120	≤120					
	0	1					
斜坡结构	平面	逆向坡	逆斜坡	横向坡	顺斜坡	伏倾坡	飘倾坡
	1	2	3	4	5	6	7

9.2.4 支持向量机方法

支持向量机是基于VC(Vapnick-Chervonenkis)理论的创造性机器学习方法(胡德勇等,2007)。支持向量机作为下一代算法,它是基于统计模型而不是通过自然学习系统的松散分析,在理论上可以取得最优的预测结果(戴福初等,2007)。能较好地解决小样本、非线性高维数和局部极小点等实际问题,被视为替代神经网络的较好算法(董辉等,2007)。另外,支持向量机算法是一个凸二次优化问题,能够保证找到极值解是全局最优解。在滑坡预测过程中,通过样本数据集的机器学习,可以建立滑坡发生事件和影响因子之间的支持向量回归机,然后利用它对研究区数据进行回归预测,回归值的大小反映影响因子$x_1,x_2,\cdots,x_n$

对 L 的敏感程度,包括空间、规模和时间等方面的特性。它从侧面反映了滑坡发生的可能性高低,因此可以作为滑坡预测指数(Landslide Predict Index,LPI)来描述未来滑坡的分布态势,即进行空间预测。

SVM 方法的核心概念是支持向量。如图 9-4 所示,x_1,x_2 为两类样本(如滑坡的发生和不发生),最优回归超平面 l 完全由落在两条边界线 l_1 和 l_2 上的样本点所确定,这样的样本点称为支持向量,落在两条边界线之间的其他样本点对最优回归超平面没有贡献。

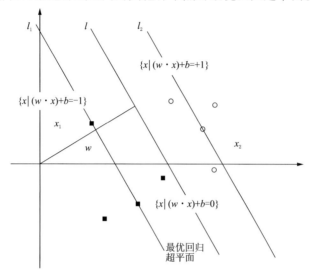

图 9-4 最优回归超平面

根据相关的理论和算法,解最优化问题得到的最优线性回归函数表达式为:

$$f(x)=(w \cdot x)+b=\sum_{i=1}^{L}(a_i-a_i^*)(x \cdot x_i)+b \tag{9-1}$$

式(9-1)中:L 为支持向量的个数,a_i,a_i^* 和 b 为确定最优超平面的参数,可以通过解最优化问题求得。对于样本空间中的高度非线性分类和回归,SVM 通过升维和线性化来转换。基于 Mercer 核展开定理,通过非线性映射 φ,把样本空间映射到一个高维乃至于无穷维的特征空间(Hilbert 空间),在特征空间中引入不敏感损失函数 ε,定义最优线性回归超平面,把寻找最优线性回归超平面的算法归结为求解一个凸约束条件下的一个凸规划问题,并可以求得全局最优解。由于特征空间是样本空间通过映射 φ 得到的,式(9-1)中的点 x 和 x_i 实际上是 $\varphi(x)$ 和 $\varphi(x_i)$,这样式(9-1)变成:

$$f(x)=[w \cdot F(x)]+b=\sum_{i=1}^{L}(a_i-a_i^*)[F(x) \cdot F(x_i)+b] \tag{9-2}$$

式(9-2)中出现的点积可以依据 Mercer 定理定义一个核函数 $K(x,x_i)$:

$$K(x,x_i)=[F(x) \cdot F(x_i)] \tag{9-3}$$

核函数的选取对于支持向量机模型是至关重要的,虽然一些新的核函数被陆续提出来,但常用的核函数包括:①线性核函数:$K(x,x_i)=(x \cdot x_i)$;②多项式核函数:$K(x,x_i)=(\gamma x \cdot x_i+r)^d$,$\gamma>0$;③径向基函数:$K(x,x_i)=\exp(-\gamma \| x \cdot x_i \|^2)$,$\gamma>0$;④S 形函数:$K(x,x_i)=\tan(\gamma x \cdot x_i+r)$。其中 γ,r,d 是核函数的参数,需要在计算时人工输入。

将式(9-3)代入式(9-2)可得：

$$f(x)=[(w \cdot F(x)]+b=\sum_{i=1}^{L}(a_i-a_i^*)K(x,x_i)+b \qquad (9\text{-}4)$$

式(9-4)即为 SVM 方法最终确定的回归函数。

Oracle Data Mining 中的支持向量机非线性目前只支持高斯核函数（一种最常用的径向基函数），它具有使用方便，易于部署，对算法模型参数的干预较少。滑坡和致滑坡因子数据直接由 Oracle Data Mining 的支持向量机回归模型处理后，得到的滑坡预测指数结果统计图如图 9-5 所示，其中横轴为预测值大小，纵轴为预测值个数。

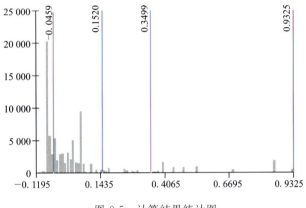

图 9-5　计算结果统计图

预测结果导出为平面文件，然后在 ArcGIS 软件中生成滑坡灾害敏感性区划图。利用统计学中常用的标准差分类方法将敏感性区划图重新分类为敏感性很低、敏感性低、敏感性高和敏感性很高 4 类，所占研究区的比例分别为 36.18%、50.36%、4.03% 和 9.42%。划分后的滑坡敏感性区划图如图 9-6 所示。

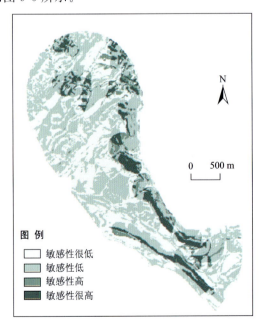

图 9-6　支持向量机敏感性区划图

为了检验 Oracle Data Mining 中 SVM 算法的性能，特引入两种常用的定量统计模型：证据权法（WOE）和 Logistic 回归（LR）方法进行对比研究。采用与支持向量机模型建立时完全一致的样本和预测变量，建立证据权预测模型和 Logistic 回归预测模型。

9.2.5 证据权方法

证据权法是一种定量的数据驱动方法，用于数据集融合。该模型以贝叶斯条件概率为基础，通过统计方法估计证据的相对重要性，最初应用医学和地质（Thiery 等，2007；Bonham-Carter，1994；Agterberg 等，1993；Bonham-Carter 等，1988），近几年已广泛应用于滑坡敏感性区划研究（John 等，2007；王志旺等，2007；Bettina 等，2008；Ranjan 等，2008）。

证据权法的主要原则是前验概率和后验概率的概念。概率 P 通常是从以往的经验知识，即相同条件下事件 D 过去的发生来决定，被称为前验概率 $P(D)$。前验概率能被影响它的数据 B 修改，B 由调查、试验或分析得到。在滑坡敏感性分析中，这些数据由导致滑坡的因子表示，称为证据。当所有的证据结合起来计算的概率，称为条件或后验概率 $P=(D/B)$。条件概率表示证据 B 发生的条件下，事件 D 发生的概率。前验概率和后验概率可由 Bays 公式表示：

$$P\{D/B\} = \frac{P\{D\} \cdot P\{B/D\}}{P\{B\}} \tag{9-5}$$

通过已知滑坡点和各种证据（致滑坡因子）的叠加，可以统计滑坡和证据之间的关系，并用来评价证据是否和过去滑坡的发生有关，以及其重要性。各证据层要计算权重 W^+ 和 W^-，权重的大小由滑坡和证据因子的空间关系决定。权重的计算由似然比完成，描述了滑坡在当前证据存在和不存在时发生的可能性：

$$W_j^+ = \ln \frac{P\{B_i/D\}}{P\{B_i/\overline{D}\}} \tag{9-6}$$

$$W_j^- = \ln \frac{P\{\overline{B_i}/D\}}{P\{\overline{B_i}/\overline{D}\}} \tag{9-7}$$

式中：W^+ 似然比由证据 B_i 存在时，滑坡 D 发生或不发生的比率表示。W^- 似然比由证据 B_i（第 i 个证据）不存在时，滑坡 D 发生或不发生的比率表示。因此，得到的权重信息表示证据层和滑坡点之间是否存在阳性或阴性关系。除了权重，相对系数 $C = W^+ - W^-$，用来度量证据层和滑坡之间的相关性。如果 C 值为正，表示正空间相关；C 值为负，表示负空间相关，计算结果如表 9-2 所示。

表 9-2 各证据层的权重和相对系数

证据因子	因子类别	证据权法		
		W^+	W^-	C
坡度（°）	<15	0.1438	−0.0892	0.2330
	15～30	−0.0492	0.0495	−0.0988
	30～45	−0.2596	0.0328	−0.2924
	>45	−0.9007	0.0029	−0.9036

续表9-2

证据因子	因子类别	证据权法		
		W^+	W^-	C
高程(m)	<150	—	0.0805	—
	150~200	0.1740	−0.0700	0.2440
	200~250	0.7565	−0.7641	1.5206
	250~300	−4.1478	0.2820	−4.4299
	>300	—	0.0971	—
斜坡结构	飘倾坡	−1.3818	0.0552	−1.4370
	伏倾坡	—	0.2007	—
	顺斜坡	0.2054	−0.0624	0.2678
	横向坡	0.7970	−0.7351	1.5321
	逆斜坡	—	0.0498	—
	逆向坡	−1.0712	0.1329	−1.2041
	平面	—	0.0170	—
距河流的距离(m)	≤250	0.7373	—	—
	>250	—	0.7463	—
距公路的距离(m)	≤120	0.6778	—	—
	>120	—	0.6863	—

各证据的权重随后可用来预测和计算滑坡在所有证据层综合的条件下，未来滑坡发生的概率。概率的计算由几率(O)表示，几率和概率的关系可表示为 $O=P/(1+P)$。后验几率可由权重和几率的自然对数表示为(G. F. Bonham-Carter 等，1988；Bettina 等，2007)：

$$O_{post} = \exp\{\ln(O_{prior}) + \sum_{j=1}^{m} W_j^k\} \quad (9-8)$$

其中 $W_j^k = \begin{cases} W_j^+ & \text{证据层存在} \\ W_j^- & \text{证据层不存在} \\ O & \text{证据层未知} \end{cases}$

滑坡发生的后验概率可表示为：

$$P_{post} = O_{post}/(1+O_{post}) \quad (9-9)$$

各证据层的权重和相对系数的计算结果见表9-2。所有证据层的权重在 ArcGIS 中使用栅格计算器综合后可得到滑坡发生的后验概率(Jill 等，2001)。证据权法的预测评价结果是一个滑坡后验概率图，其值在0~1之间，后验概率值的大小对应着滑坡敏感性的大小(王志旺等,2007)。为了便于与支持向量机得到的预测图进行比较,证据权法的预测结果也采用标准差方法将敏感性区划划分为 4 类:敏感性很低、敏感性低、敏感性高和敏感性很高。如图 9-7 所示,所占研究区的比例分别为 37.85%、45.93%、9.35%和6.86%。

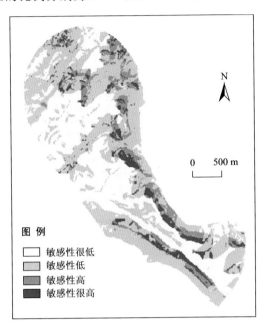

图 9-7　证据权法敏感性区划图

9.2.6　Logistic 回归

Logistic 回归的原则建立在对问题的分析:因变量(二分变量 0 和 1 或真和假)由一个或多个自变量决定(Lulseged 等,2005)。在滑坡敏感性制图中,Logistic 回归方法的目的是找到最合适(但合理的)的模型描述滑坡存在或不存在和诸如坡度、斜坡结构和岩性等自变量之间的关系。Logistic 回归生成模型统计和有用的公式系数来预测因变量是 1(滑坡事件发生的概率)的概率 Logit 变换。它不直接定义敏感性,但使用概率进行推断。一般来说,Logistic 回归用下列的公式拟合因变量:

$$Y = \text{Logit}(p) = \ln p/(1-p) = C_0 + C_1 X_1 + C_2 X_2 \cdots + C_n X_n \tag{9-10}$$

式中:P 表示发生的概率;$p/(1-p)$ 是所谓的几率或似然比;C_0 是截距;$C_1, C_2, \cdots, C_n$ 是相关系数,用来度量自变量对 Y 变化的贡献大小。概率的计算公式如下(Gregory 等,2003):

$$P(\text{landslide}) = \frac{1}{1 + \exp[-(C_0 + C_1 X_1 + C_2 X_2 \cdots + C_n X_n)]} \tag{9-11}$$

在 SPSS(SPSS,2001)中计算得到的相关系数结果见表 9-3,截距为 -32.111。将截距和各致滑因子的相关系数在 ArcGIS 中使用栅格计算器按公式(9-11)计算后可得到滑坡发生的预测概率。Logistic 回归方法的最后结果在 ArcGIS 中是由 0~1 的数值定义的概率预测图。数值越接近 1,说明发现滑坡的可能性更高(Lulsege 等,2005)。为了便于与支持向量机得到的预测图进行比较,Logistic 回归法的预测结果也采用标准差方法将敏感性区划分为 4 类:敏感性很低、敏感性低、敏感性高和敏感性很高。如图 9-8 所示,所占研究区的比例分别为 83.58%、8.37%、4.05% 和 4.01%。

表 9-3 致滑因子的相关系数

致滑因子	分类和相应的分类值							相关系数
坡度(°)	>45	30~45	15~30	<15				0.488
	1	2	3	4				
高程(m)	>300	<150	250~300	150~200	200~250			1.18
	1	2	3	4	5			
距河流的距离(m)	>250	≤250						16.263
	0	1						
距公路的距离(m)	>120	≤120						4.19
	0	1						
斜坡结构	平面	逆向坡	逆斜坡	横向坡	顺斜坡	伏倾坡	飘倾坡	0.205
	1	2	3	4	5	6	7	

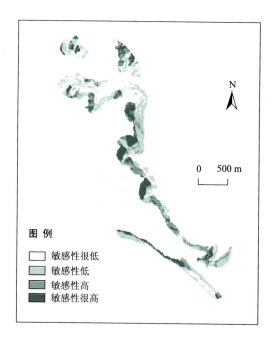

图 9-8 回归敏感性区划图

9.2.7 结果分析

同一研究区采用不同模型所得的结果必然不尽相同,目前还没有定量的标准去判别哪个最优(戴福初等,2007),因此采用 3 种方法进行对比分析。

(1)由表9-2和表9-3可知,逻辑回归计算结果表明距河流的距离和距公路的距离是对滑坡有重要影响的因子;而证据权法中斜坡结构的横向坡分类、高程的200~250m分类、距河流距离的≤250m分类和距公路距离的≤120m分类是对滑坡有重要影响的证据层。两种方法得到的结果十分相似,相比较而言,证据权法的结果更精细。事实上,两种方法得到的结果与实际情况一致。

(2)由图9-5、图9-6和图9-7可知,支持向量机和证据权模型所得到的敏感性区划图两者具有很好的一致性。逻辑回归模型所得到的敏感性很高和敏感性高的区域及以上两种方法的敏感性很高和敏感性高的区域也大致相同。

(3)由表9-4可知,随敏感性等级的逐步提高,滑坡实际发生的比率(b/a)随之增大。说明3种模型得出的敏感性等级与实际的滑坡发生情况吻合(高克昌等,2006;邢秋菊等,2004)。

(4)三种方法划分的敏感性等级区域与实际滑坡分布的对比,验证结论中的高危险区是否预测了已知滑坡的分布。表9-4中的b代表已知滑坡样本落入不同敏感性等级中的百分比,由表可知,尽管没有完全预测全部已知的滑坡分布,但SVM得到的敏感性很高和敏感性高的区域预测了88.02%的已知滑坡,WOE和LR所预测的百分比分别为84.48%和58.94%。可以看出,支持向量机模型的预测能力优于WOE和LR模型。

表9-4 三种方法的敏感性分区结果及对比

分区等级	SVM			WOE			LR		
	$a(\%)$	$b(\%)$	b/a	$a(\%)$	$b(\%)$	b/a	$a(\%)$	$b(\%)$	b/a
敏感性很低	36.18	0.59	0.016	37.85	0.39	0.01	83.58	11.39	0.14
敏感性低	50.36	12.38	0.246	45.93	15.13	0.33	8.37	29.67	3.55
敏感性高	4.03	3.93	0.974	9.35	15.13	1.62	4.05	29.86	7.34
敏感性很高	9.42	84.09	8.922	6.86	69.35	10.10	4.01	29.08	7.26
敏感性高和敏感性很高	13.46	88.02	6.540	16.22	84.48	5.206	8.05	58.94	7.318

注:a为敏感性分析区占研究区面积的百分比;b为已知滑坡样本落入同敏感性等级中的百分比;b/a为等级中的滑坡密度与研究区总的滑坡密度的比值。

9.2.8 结论

滑坡敏感性分析通过已发生滑坡和致滑坡内在因子之间的空间分布统计关系,评价特定地区范围内潜在滑坡事件发生的可能性,有利于国土开发和规划,从宏观上减轻滑坡灾害的威胁。长江三峡库区是中国滑坡灾害发生的重灾区之一,区域覆盖范围广,如何利用多源、多比例尺和多时段的海量空间数据,为滑坡灾害空间预测预报作出快速响应已成为迫在眉睫的问题。本研究采用普遍认可和使用的GIS栅格模型,基于数据仓库多维建模建立滑坡敏感性多维数据集,在数据仓库的基础上使用ODM的支持向量机回归算法对研究区的滑坡敏感性进行分析。预测的分区和其他两种常用的统计模型(证据权和Logistic回归方法)比较,结果表明ODM的支持向量机回归算法较优,可用于三峡库区滑坡敏感性分析研究。

§9.3 滑坡位移监测应用实例

9.3.1 研究区概况

三峡库区秭归县白水河滑坡位于长江南岸,距三峡大坝坝址56km,属沙溪镇白水河村。滑坡体处于长江宽河谷地段,为单斜地层顺向坡地形,南高北低,呈阶梯状向长江展布。其后缘高程为410m,以岩土分界处为界,前缘抵长江135m水位,东西两侧以基岩山脊为界,总体坡度约30°。其南北向长度600m,东西向宽度700m,滑体平均厚度约30m,体积$1260\times10^4 m^3$。白水河滑坡为老滑坡,历史上频繁发生顺层滑坡。滑坡地层为砂岩夹泥岩,属易滑地层,坡体为顺层斜坡,在构造节理切割、长江下切卸荷、后缘崩塌装载和降雨等外力作用下,易产生顺层滑移变形破坏,属堆积体顺层滑坡。白水河滑坡专业监测已于2003年6月开始实施,根据该滑坡的地形地貌、地质条件与监测环境,监测方法有GPS监测、深部位移钻孔测斜监测、地下水位监测和人工巡查等。如图9-9所示,白水河滑坡设置了3条监测剖面共6个地表位移监测点:监测点ZG93和ZG118设置于2003年6月,监测点XD1和XD2设置于2005年5月,监测点XD3和XD4设置于2005年10月。监测结果初步表明,受三峡水库蓄水及库水位涨落、雨水等作用影响,白水河滑坡整体稳定性变差,地表变形迹象较为明显,位移变化量较大,呈现牵引式滑坡变形特征(杜娟等,2009;王尚庆等,2009)。

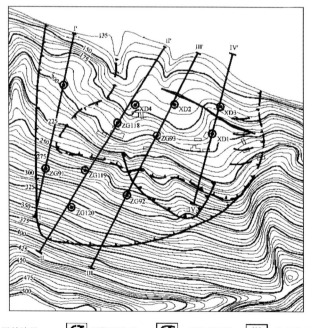

图9-9 白水河滑坡监测点平面布置图(据杜娟等,2009)

9.3.2 数据源和预测变量

基于数据仓库中的滑坡位移监测事实表生成实体化视图,选取白水河滑坡监测时间序列数据,由数据挖掘模型调用。据文献(杜娟等,2009)分析,坡体中后部监测点 ZG93 和 ZG118 的位移数据可以作为滑坡整体变形情况的反映。本研究选取 ZG93 号监测点的水平位移监测时间序列原始数据为研究对象,整个数据分为两个部分,其中 2004 年 1 月至 2006 年 12 月期间 36 个月的水平累计位移数据作为模型训练数据(表 9-5),第 37~42 个月(2007 年 1 月至 2007 年 6 月)的数据用来验证预测模型的有效性。

表 9-5 白水河滑坡位移时序资料

时段	位移	时段	位移	时段	位移
1	115	13	287.1	25	447.3533
2	119.1	14	292.8	26	456.1688
3	112.4	15	292.2	27	459.1089
4	114.4	16	302.6	28	485.3875
5	121.6	17	313.5	29	528.8781
6	168.9	18	335.5548	30	550.6941
7	227.9	19	357.9	31	606.1056
8	257.5	20	377.7248	32	599.393
9	265.8	21	434.4	33	617.7095
10	291.6	22	441.0726	34	632.4634
11	292.2	23	444.6223	35	629.3171
12	292.2	24	455.7741	36	622.8074

9.3.3 时间序列分析方法

时间预测预报的研究自 20 世纪 60 年代日本学者斋藤开创以来,经过国内学者的苦心探索,预报理论和方法有了较大的发展(许强等,2004)。滑坡灾害发生的时间一方面受滑坡体自身发展演化规律的控制;另一方面外部诱发因素对加速运动滑坡发生时间的进程或直接导致滑坡的产生具有重要的激发作用。随着滑坡灾害监测技术的发展和仪器设备性能的提高,滑坡过程所反映出的信息源的获取手段和精确度也逐步改善。信息源的具体分类可参见表 9-6。对滑坡监测历史数据分析,有利于发现滑坡发生的模式,从而进一步预报滑坡发生的时间。目前所开展的滑坡灾害监测的主要信息对象则是滑坡位移场。大多数情况下,监测滑坡位移场对预测预报滑坡的作用是十分有用的。但是不同类型的滑坡和不同的外部因素作用下的滑坡,滑坡位移场的变化规律可能差别很大。因此,可采用位移场与降雨量等外部因素实时监测相结合,使滑坡灾害时间预测预报具有更高的准确度(殷坤龙,2003)。滑坡位移及其影响因素的监测数据是两类相对独立的随机样本,目前常用时间序列分析模型解析其相应关系(杜娟等,2009;李强等,2005;郝小员等,1999)。目前常用的时间序列模型有差分自回归滑动平均(ARIMA)模型、多变量时间序列(CAR)模型(李强等,2008)和自回归树(ART)(Meek等,2002)等。近几年,云模型(王树良等,2004)、关联规则(马水山等,2004)、支持向量机(董辉等,2007)和BP神经网络模型(杜娟等,2009)等数据挖掘技术在滑坡监测数据分析方面的探索研究也逐步展开。

表 9-6 滑坡灾害监测信息源分类(殷坤龙等,2008)

信息源	类型
地质体内部信息源	位移场(地面位移、裂缝张开位移、深部滑动面位移) 地应力场(构造应力、自重应力、外部荷载应力) 孔隙水压力场(滑坡体中水压力、沿滑动面的水压力、泉水流量与动态) 水化学场(地下水化学成分改变) 声波场(滑体岩石破裂、滑动面剪切破坏、裂隙的拉张等作用导致的声发射) 温度场(滑坡快速运动在滑动面上产生的摩擦效应、滑坡运动而改变地下水径流而导致滑坡体温度场的改变)
地质体外部信息源	气象要素(暴雨、连续降雨、干旱寒冷气候区的冻融) 侵蚀作用(河岸侵蚀、坡面侵蚀、海岸侵蚀) 人类活动(建筑工程开挖、装载、灌溉、水库工程、采矿)
其他信息源	动物行为异常(鼠、蛇等)

Oracle数据库中的ODM组件支持时序预测。ODM通过其自身的支持向量机回归功能,为时序预测提供了强大的非线性技术支持,可以为除时序变量外还包含其他相关变量的复杂关系建模。

ODM支持向量机回归机通过时间延迟或延迟空间方法为时间序列建模,这种方法在物理学界被称为状态空间重建或在工程学界被称为抽头延迟线。滑坡位移监测数据通常是一个时间间隔为Δt单变量的时间序列$(x_1, x_2, \cdots, x_l)$,传统的预测方法是直接从这个序列形式分析它的时间演变,但由于时间序列是许多因子相互作用的综合反映,其中蕴藏着参与整个系统运动的全部变量的痕迹,因而必须将这一时间序列扩展到三维甚至更高维的状态空间中去,才能把时间序列中的信息充分地显露出来。具体重构一个状态空间时,只需考虑一个分量,并将它在某些固定时间的延迟点作为新维处理,合理选择延迟时间和空间的维数就可以得到与原来系统有相同动态特征的新系统(董辉等,2007)。状态空间重建最简单的形式是预测目标的历史值(即将要被预测的时间序列)当作模型输入,输入变量是预测目标的迟滞变量(lagged variabled),与预测序列相关的其他属性也能用相同的方式增加进来,例如,与位移场相关的降雨、库水位和温度等度量。

9.3.4 数据处理

时间序列建模一般必须考虑以下3个方面的内容:方差稳定和趋势去除、目标常态化、滞后属性选择。

（1）方差稳定和趋势去除。在建模时间序列之前需稳定方差,也就是从平均值和方差中去除趋势,如果平均值有趋势,那么时间序列的平均值在一段时间内或稳定增加或减少。如果方差有趋势,那么时间序列的变异性在一段时间内或稳定增加或减少。理想情况下,时间序列在一段时间内会以固定的值(平均值)和相同的次数上升、下降。方差稳定可以应用 Box-Cox 变换来实现。转换公式如式(9-12)所示。一般来说,log 转换(当 $h=0$ 时)可用于消除增加的变异性。

$$\begin{cases} Y(h)=(Y^{\wedge} h-1)/h, h<>0 \\ Y(h)=\log(Y), \quad h=0 \end{cases} \quad (9-12)$$

时间延迟方法有效性的关键在于假定时间序列是固定的,这意味着时间序列值在不同的时间间隔的统计分布是相同的。但在实际的监测工作中,有些数据是等间隔取值的时间序列,如逐日气温、库水位数据序列等。但由于种种原因,在滑坡监测的实施过程中各期监测资料往往是不等时距的。例如:在滑坡监测中,取样时间为 3 月 7 日、4 月 13 日、5 月 16 日等,这样取样间隔分别为 37d、33d,若把这样的观测数据随意定为 3 月、4 月、5 月的观测值,就成了等间隔取值,这样处理显然是不合理的。因此,对这样的数据进行建模分析时,必须先采用某些数学方法,将该序列处理为等间隔的时间序列数据,再进行建模分析(李强等,2005)。差分是趋势去除最简单的方法,它是处理非定常(随机的)趋势的标准统计学方法。例如:在滑坡位移监测数据分析中,不是使用实际观测值 Y 作为目标,而是使用差分 D=Y-LAG(Y,1)作为目标。下面的 SQL 语句是对滑坡位移监测时间序列数据进行差分处理,由 SQL log 函数和 LAG 函数实现。经过差异稳定和差分处理后的数据见表 9-7。

```
CREATE VIEW zg93_prep AS
SELECT a.*
FROM(SELECT TimeID,Displacement,
td-LAG(td,1)OVER(ORDER by TimeID)td
FROM(SELECT TimeID,Displacement,log(10,Displacement)td
FROM zg93))a;
```

表 9-7 经过差异稳定和差分处理后的滑坡位移数据

时段	位移	时段	位移	时段	位移
1	null	10	0.040 232 543	19	0.027 998 289
2	0.015 213 921	11	8.93E-04	20	0.023 413 764
3	−0.02 514 545	12	0	21	0.060 714 354
4	0.007 659 713	13	−0.007 647 019	22	0.00 662 022
5	0.02 650 755	14	0.00 853 788	23	0.003 481 216
6	0.142 696 075	15	−8.91E-04	24	0.010 758 358
7	0.130 114 676	16	0.015 188 712	25	−0.008 098 938
8	0.053 032 908	17	0.015 368 621	26	0.008 474 933
9	0.013 777 743	18	0.029 525 865	27	0.002 790 125

续表 9-7

时段	位移	时段	位移	时段	位移
28	0.024 172 834	31	0.041 637 868	34	0.010 251 159
29	0.037 266 985	32	−0.004 836 612	35	−0.002 165 898
30	0.01 755 488	33	0.01 307 258	36	−0.004 515 794

(2)目标变量常态化。常态 SVM 回归目标,有助于提高算法的收敛。支持向量机回归目标变量的常态化有助于提高算法的收敛速度。对于时序问题,目标变量应该在创建滞后变量之前常态化。滑坡位移监测时间序列采用 Z-score 方法常态化,即经过方差稳定和趋势去除处理的位移量值减去时间序列平均值,然后除以标准差。训练数据的平均值 AVG(位移量)= 0.020961597,标准方差 STDEV(位移量)=0.034000782。常态化后的位移数据见表 9-8。下面的 SQL 语句是对滑坡位移监测时间序列数据进行常态化处理,采用了 Z-score 方法。

CREATE VIEW zg93_norm AS
SELECT TimeID,Displacement,(td-0.020961597)/0.034000782 td
FROM zg93_prep

表 9-8 常态化后的位移数据

时段	位移	时段	位移	时段	位移
1	null	13	−0.841	25	−0.855
2	−0.169	14	−0.365	26	−0.367
3	−1.356	15	−0.643	27	−0.534
4	−0.391	16	−0.17	28	0.094
5	0.163	17	−0.164	29	0.48
6	3.58	18	0.252	30	−0.1
7	3.21	19	0.207	31	0.608
8	0.943	20	0.072	32	−0.759
9	−0.211	21	1.169	33	−0.232
10	0.567	22	−0.422	34	−0.315
11	−0.59	23	−0.514	35	−0.68
12	−0.617	24	−0.3	36	−0.749

(3)滞后属性选择。可以通过分析数据(计算自相关图和互相关图)或选择窗口大小来选择滞后步数。选择窗口大小时要考虑:窗口的大小直接影响 SVM 算法的模式识别能力,限制能被识别的模式大小。如果窗口太小,可能没有足够的信息来捕捉系统动态的时序数据。如果窗口太大,额外的滞后属性会增加噪声并且使问题难以解决。时间序列代表的领域先验知识能为窗口大小选择提供参考,例如月份时间序列,如果知道时间序列在年度的基础上有相似的行为,那么窗口大小可以定为 12。但也通过对时间序列的自相关分析并选择包含最大自相关的窗口大小。

经过位移量与前 20 个滞后变量的自相关分析，最后确定窗口大小为 6。与第一个滞后变量的自相关分析的 SQL 语句如下：

SELECT corr(ts,td)
FROM(SELECT td,LAG(td,1)OVER(ORDER by timeid)ts
FROM zg93_norm);

9.3.5 建模预测

经过时间序列数据处理的准备和滞后属性的选取，可以进行建模过程，包括生成滞后变量、准备训练数据集和建立模型。

(1)创建滞后变量。根据窗口大小，创建 6 个滞后变量，见表 9-9。

CREATE VIEW zg93_LAG AS
SELECT a.*
FROM(SELECT timeid,displacement,td,
LAG(td,1)OVER(ORDER by timeid)L1,
LAG(td,2)OVER(ORDER by timeid)L2,
LAG(td,3)OVER(ORDER by timeid)L3,
LAG(td,4)OVER(ORDER by timeid)L4,
LAG(td,5)OVER(ORDER by timeid)L5,
LAG(td,6)OVER(ORDER by timeid)L6
FROM zg93_norm)a;

表 9-9 创建的滞后变量

时段	位移	L1	L2	L3	L4	L5	L6
1							
2	−0.169						
3	−1.356	−0.169					
4	−0.391	−1.356	−0.169				
5	0.163	−0.391	−1.356	−0.169			
6	3.58	0.163	−0.391	−1.356	−0.169		
7	3.21	3.58	0.163	−0.391	−1.356	−0.169	
8	0.943	3.21	3.58	0.163	−0.391	−1.356	−0.169
9	−0.211	0.943	3.21	3.58	0.163	−0.391	−1.356
10	0.567	−0.211	0.943	3.21	3.58	0.163	−0.391
11	−0.59	0.567	−0.211	0.943	3.21	3.58	0.163
12	−0.617	−0.59	0.567	−0.211	0.943	3.21	3.58
13	−0.841	−0.617	−0.59	0.567	−0.211	0.943	3.21

续表 9-9

时段	位移	L1	L2	L3	L4	L5	L6
14	−0.365	−0.841	−0.617	−0.59	0.567	−0.211	0.943
15	−0.643	−0.365	−0.841	−0.617	−0.59	0.567	−0.211
16	−0.17	−0.643	−0.365	−0.841	−0.617	−0.59	0.567
17	−0.164	−0.17	−0.643	−0.365	−0.841	−0.617	−0.59
18	0.252	−0.164	−0.17	−0.643	−0.365	−0.841	−0.617
19	0.207	0.252	−0.164	−0.17	−0.643	−0.365	−0.841
20	0.072	0.207	0.252	−0.164	−0.17	−0.643	−0.365
21	1.169	0.072	0.207	0.252	−0.164	−0.17	−0.643
22	−0.422	1.169	0.072	0.207	0.252	−0.164	−0.17
23	−0.514	−0.422	1.169	0.072	0.207	0.252	−0.164
24	−0.3	−0.514	−0.422	1.169	0.072	0.207	0.252
25	−0.855	−0.3	−0.514	−0.422	1.169	0.072	0.207
26	−0.367	−0.855	−0.3	−0.514	−0.422	1.169	0.072
27	−0.534	−0.367	−0.855	−0.3	−0.514	−0.422	1.169
28	0.094	−0.534	−0.367	−0.855	−0.3	−0.514	−0.422
29	0.48	0.094	−0.534	−0.367	−0.855	−0.3	−0.514
30	−0.1	0.48	0.094	−0.534	−0.367	−0.855	−0.3
31	0.608	−0.1	0.48	0.094	−0.534	−0.367	−0.855
32	−0.759	0.608	−0.1	0.48	0.094	−0.534	−0.367
33	−0.232	−0.759	0.608	−0.1	0.48	0.094	−0.534
34	−0.315	−0.232	−0.759	0.608	−0.1	0.48	0.094
35	−0.68	−0.315	−0.232	−0.759	0.608	−0.1	0.48
36	−0.749	−0.68	−0.315	−0.232	−0.759	0.608	−0.1

(2)选取训练样本。选取 7~36 个月的数据作为训练样本,前面 7 个月的滞后变量中包含空值,需要过滤掉。

  CREATE VIEW zg93_train AS
  SELECT timeid,td,l1,l2,l3,l4,l5,l6
  FROM zg93_lag a
  WHERE timeid>7 and timeid<37

(3)建立 SVM 模型。使用 ODM 的 PL/SQL API 建立支持向量机回归算法建立滑坡位移监测时间序列预测模型。

  BEGIN
  DBMS_DATA _MINING.CREATE_MODEL(

```
    model_name            =>'zg93_SVM',
    mining_function       =>dbms_data_mining.regression,
    data_table_name       =>'zg93_train',
    case_id_column_name   =>'timeid',
    target_column_name    =>'td');
END;
```

应用已建立的支持向量机回归模型对滑坡位移监测数据进行预测。模型预测的是转换后的数据,需要进行反向转换,将预测值转换为和原始值一样的数据度量格式,然后进行比较。可按照下面的步骤顺序执行预测值的反向转换:常态化(乘标准方差并且加上平均值)、差分化(上一步的结果加上时间序列先前的值)和取对数,正好是数据处理步骤的逆过程。下面的SQL 语句描述了使用创建的支持向量机回归模型对滑坡位移监测数据进行多步预测,其中使用到了 SQL MODEL 子句(Oracle,2003)。

```
SELECT t timeid,d displacement,pred
FROM zg93 a
MODEL
    DIMENSION BY(timeid t)
    MEASURES(a.displacement d,
        CAST(NULL AS NUMBER)ad,CAST(NULL AS NUMBER)td,
        CAST(NULL AS NUMBER)tpred,CAST(NULL AS NUMBER)npred,
        CAST(NULL AS NUMBER)dpred,CAST(NULL AS NUMBER)pred
        )
RULES(
    ad[FOR t FROM 1 TO 36 INCREMENT 1]=d[CV()],
    td[FOR t FROM 1 TO 36 INCREMENT 1]=
        (LOG(10,ad[CV()])- LOG(10,ad[CV()-1])-0.020961597)/0.034000782,
    tpred[FOR t FROM 1 TO 41 INCREMENT 1]=
                PREDICTION(zg93_SVM USING
                        NVL(td[CV()-1],tpred[CV()-1])AS L1,
                        NVL(td[CV()-2],tpred[CV()-2])AS L2,
                        NVL(td[CV()-3],tpred[CV()-3])AS L3,
                        NVL(td[CV()-4],tpred[CV()-4])AS L4,
                        NVL(td[CV()-5],tpred[CV()-5])AS L5,
                        NVL(td[CV()-6],tpred[CV()-6])AS L6
                        ),
    npred[FOR t FROM 1 TO 41 INCREMENT 1]=
            0.020961597 + 0.034000782 * tpred[CV()],
    dpred[FOR t FROM 1 TO 41 INCREMENT 1]=
            npred[CV()]+ NVL(LOG(10,d[CV()-1]),dpred[CV()-1]),
    pred[FOR t FROM 1 TO 41 INCREMENT 1]=POWER(10,dpred[CV()])
```

)
ORDER BY t;

9.3.6 结果分析

从表 9-10 可以看出,在对滑坡位移监测时间序列数据的多步预测时,支持向量机回归算法的前 5 步预测值的误差率控制在 8% 以内,性能相当不错。第 6 步的预测值误差较大,可能是受 4 月、5 月份降雨量达 355mm 及 5 月份水位下降 4.68m 的组合工程情况的影响(杜娟等,2009),滑坡已处于临滑突变阶段(2007 年 6 月 30 日白水河滑坡中部约 $10 \times 10^4 m^3$ 的土体坍塌),数据不再具有指导性,但 84.1% 的准确性仍能满足工程要求。由此可见,ODM 的支持向量机回归算法应用于滑坡位移监测的短期预测具有比较理想的效果。

表 9-10 实测值与预测值对照表

时段序号	实测值	预测值	误差率
37	632.463	636.91	−0.70%
38	632.463	635.65	−0.50%
39	647.868	666.62	−2.89%
40	656	703.54	−7.25%
41	737.1	747.96	−1.47%
42	942.7	792.87	15.89%

9.3.7 结论

时间序列分析具有预测复杂系统发展趋势的能力,一直是滑坡位移动态预报研究的热点,然而目前的预测模型多基于平面文件进行分析。本研究引入在数据仓库多维模型的基础上进行时间序列分析的框架——数据被组织成事实和维,滑坡位移产生的各种可能因素被结构化和层次化的展现出来,可帮助分析人员更深入全面地理解滑坡位移事实。数据挖掘基于数据仓库,并参照状态空间重构原理对白水河滑坡位移时间序列数据进行处理,使用 ODM 的 PL/SQL API 建立支持向量机回归模型对处理后的数据进行挖掘,得到的预测数据与实测数据误差较小,结果表明该算法可以用于滑坡监测数据的短期预测。不足之处在于温度、降雨量和库水位变动等数据尚未收集完整,仅对滑坡位移数据进行了挖掘,没有对位移和库水位、位移和降雨量进行交叉预测,挖掘模型应用的可靠性和准确性有待进一步验证。

10 基于大数据的数据仓库

§10.1 建设基于大数据平台数据仓库的意义

在完成传统的基于 Oracle 的数据仓库的构建后,发现传统数据仓库存在着一些不足:现在传统数据仓库和关系型数据库仅擅长处理结构化的数据,这就限制了面对海量异构化数据时的研究,也就意味着还有海量的数据未能够处理及挖掘,在 OLAP 查询中的时间过长,传统的数据仓库属于单节点的运行,它的计算能力和存储能力在一定程度上依赖于服务器的硬件配置,因其硬件问题所以导致其在扩展能力上也有一定的限制。

因此,需要借助大数据技术中的分布式存储和分布式计算技术,来弥补传统数据仓库集中存储、计算的不足。基于大数据的数据仓库是对传统的数据仓库的有益补充,可实现对海量的地质灾害数据进行分布式的分析和处理。

建设的思路是:利用开源大数据平台 Hadoop 中 Hive 搭建数据仓库,并利用开源 Kylin 搭建大数据联机分析处理平台,实现 Hadoop 下的 OLAP 联机分析处理,从而满足大数据背景下地质灾害信息化的迫切需求,对实现海量的、多源的、异构的地学大数据的高效分析、展示、挖掘等综合研究应用具有很现实的意义。

§10.2 分布式大数据平台 Hadoop

Hadoop 是由 Apache 基金会开发的分布式系统基础架构,在 2005 年受 Google 的 GFS 系统启发进行设计,并且引入 MapReduce 编程模型(White 等,2010)。Hadoop 平台的核心就是底层的文件系统 HDFS 以及为分布式计算提供支持的 MapReduce 计算框架。

Hadoop 在实际的应用中主要是用于大数据的存储、日志的处理、数据挖掘、机器学习等场景。用户利用 Hadoop 能够使用便宜的计算机组成分布式计算的平台,并且可以利用集群的能力进行存储和计算。

近些年来,随着各种新型的传感装置及监测设备的出现(如 RFID、GNSS 和 TDR 设备、GPS 以及红外设备等),地质灾害实时采集的监测数据量越来越庞大,而且格式各不相同,数据量大但数据价值密度较低,这些都符合大数据的特征,因此,Hadoop 平台比较适合用来实现地质灾害大数据的存储与分析。

10.2.1 Hadoop 基本框架

Hadoop 的系统架构如图 10-1 所示。

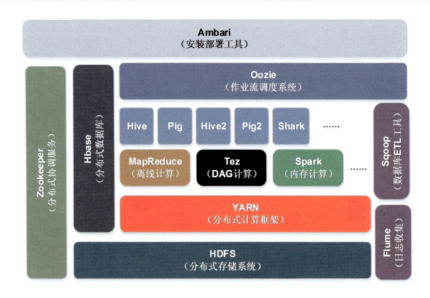

图 10-1　Hadoop 的系统架构

HDFS 和 MapReduce 是 Hadoop 生态圈的基础,在此基础上可以搭建诸多应用,例如资源管理工具 YARN、分布式非关系型数据库 HBase、数据仓库 Hive、提供集群协调性服务的 ZooKeeper、工作流调度工具 Oozie 等(朱晨杰等,2013)。

在实际的应用中,Hadoop 集群适合的计算主要有日志分析、用户推荐以及数据挖掘等计算。适合用 MapReduce 编程模型来处理的数据集有相同的特点:待处理的数据集可以分解成许多小的数据集,而且每一个小数据集都可以完全并行地进行处理,比如用户的行为日志、空间记录等。在地质灾害数据的处理中,数据独立性相对较高,数据关联性较低,在数据存储方面相互独立,因此,地质灾害数据适合使用 MapReduce 计算框架进行分析运算(McKenna 等,2014)。

Hadoop 平台的文件系统是整个体系的基础,在其上面是用于计算的 MapReduce 计算框架与 YARN 资源管理器,Hbase、Hive 等高级应用基于上述基础部署,对于集群中的计算任务,可以交由 Oozie 进行统一监测与管理,不同程序间的协调可以使用 ZooKeeper 完成,Ambari 是快捷的大数据平台部署工具。HDFS、MapReduce 以及 YARN 属于底层结构,管理集群中的底层文件以及资源信息。ZooKeeper、Hive、Hbase 以及 Oozie 是平台的上层软件,执行不同的工作任务,Ambari 平台部署工具属于系统运维监控层次。

10.2.2　分布式文件管理系统 HDFS

HDFS 是 Hadoop 平台的分布式文件系统,负责整个平台的数据存储,HDFS 使用主节点/从节点模式,NameNode 在整个集群内部提供元数据服务,DataNode 在集群内部提供存储支持以及计算支持,负责管理本节点存储的数据。在 HDFS 中,数据是以数据块的形式进行存储,通常情况下,每个数据区块的大小为 64MB(Liu 等,2009)。由于 Hadoop 集群是部署在廉价硬件上的集群,并不能保证每一个节点都能无故障运行,所以 HDFS 需要考虑数据的安全性。在数据备份的过程中,数据安全以及备份数据的传输是影响系统性能的重要因素,因此在 HDFS 中,除本身数据块外,在同一个机架的不同位置,以及在不同机架的不同位置都会存储备份数据块。当数据块本身发生损坏时,可以使用其他备份继续完成计算。这种备份机制使得 HDFS 可以部署在廉价的硬件上,并且具有极高的数据容错性,在备份数据的读取时也能节省带宽,保证节点之间的正常有效通信。

10.2.3 MapReduce 架构

MapReduce 是从海量数据中提取分析的元素,通过计算架构采用并行处理最后汇总返回结果集的编程模型(Dean 等,2004)。MapReduce 计算框架在处理任务时主要有 Client 进程、JobTracker 进程以及 TaskTracker 进程,其中 Client 进程用于提交用户任务的 Job,JobTracker 进程为控制进程,负责调度和管理其他 TaskTracker 进程,通常情况下,JobTracker 进程可运行于 NameNode 节点上,但不是必须运行于 NameNode 节点上。TaskTracker 进程则运行于 DataNode 节点上,且必须运行于 DataNode 上,DataNode 节点存储有数据,TaskTracker 接收 JobTracker 发来的 MapReduce 任务并进行计算。

每一个作业(Job)都会被分为若干个任务(Task),这些任务被分配给集群中的节点进行计算,作业调度(JobTracker)负责对这些任务进行调度,监控任务的执行过程(覃雄派等,2012)。在计算过程中,节点按照数据就近计算的原则,优先计算本节点存储的数据,减少因数据迁移带来的计算效率的降低。由于 Hadoop 平台部署在廉价的硬件上,因此节点的出错被认为是正常的现象,在 MapReduce 计算过程中,NameNode 会监视 DataNode 的运行状况,其原理是通过心跳机制(Heartbeat)定期获得 DataNode 的运行状况,JobTracker 会接收 TaskTracker 发回的"心跳",从而了解从节点的硬件资源利用情况、当前运行任务的进度以及程序运行的错误信息等,这种周期性地检测节点状态的机制称为心跳机制。如果某一个 DataNode 节点出现宕机,导致 TaskTracker 出现问题不能继续进行计算,JobTracker 则将该节点负责的 Job 转发到另一个空闲的 TaskTracker 进行运算。

MapReduce 运行原理如图 10-2 所示。

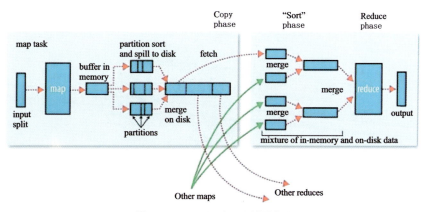

图 10-2 MapReduce 运行原理

10.2.4 分布式数据库 Hbase

HBase 是一个 NoSQL 数据库,基于 HDFS 实现分布式数据库,用于存储海量的结构化、半结构化或者非结构化数据,是面向列的开源数据库(Li,2010)。RDBMS 就是面向行存储的,面向行存储的数据库主要适合于事务性要求严格场合,或者说面向行存储的存储系统适合 OLTP,但是根据 CAP 理论,传统的 RDBMS,为了实现强一致性,通过严格的 ACID 事务来进行同步,这就造成了系统的可用性和伸缩性方面大打折扣,而目前的很多 NoSQL 产品,包括 HBase,它们都是一种最终一致性的系统,它们为了高的可用性牺牲了一部分的一致性。HBase 是一个数据库,与我们熟悉的 Oracle、MySQL、MSSQL 等一样,对外提供数据的存储和读取服务。而从应用的角度来说,HBase 与一般的数据库又有所区别,HBase 本身的存取接口相当简单,不支持复杂的数据存取,更不支持 SQL 等结构化的查询语言,HBase 的底层存储采用 KeyValue 键值对进行存储,索引是 rowkey,所有的数据分布和查询都依赖 rowkey。地质灾害数据是随着科技的发展,除了结构化数据还有大量的设备和传感器,这样的数据是庞大的。海量的数据和半结构化或者非结构化数据对传统数据库来说是很难进行存储的,所以需要利用 Hbase 数据库的海量列簇存储技术来解决这些问题。

10.2.5 分布式数据仓库 Hive

Hive 是一个基于 Hadoop 平台中的数据仓库,在数据的存储方面,Hive 将数据存储于 Hadoop 分布式文件系统 HDFS 中,并可以将关系型数据映射为一张数据表,提供 HQL 对数据进行查询分析操作,这是一种类似于 SQL 语言的数据库查询语言(杨义根,2014)。Hive 没有专用的数据格式,开发者可以自由安排数据仓库中的表结构。Hive 依赖于 Hadoop 集群的底层结构,其中文件存储依赖于分布式文件系统 HDFS,查询操作依赖于 MapReduce 计算框架。用户提交一个查询任务时,Hive 会将 HQL 查询转换为一系列的 MapReduce 作业,这些作业运行后会返回查询结果,而实际上 HQL 查询是 MapReduce 程序的一种抽象化应用。

Hive 不能实时得到查询结果,主要原因是因为 Hive 表中没有索引,所以查询时相对缓慢,另外,MapReduce 程序执行也需要一定的时间,导致 Hive 的查询时延相对较高。Hive 运行原理如图 10-3 所示。

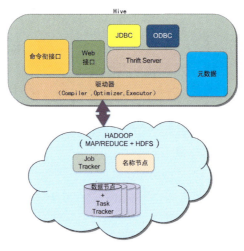

图 10-3 Hive 运行原理

由于 Hive 架构于 Hadoop 平台之上,所以在扩展性方面具有一定优势,随着集群的规模逐渐扩大,Hive 的执行效率也会逐渐提高。

在 Hive 中本身内置了一些函数,提供开发者简单的查询分析等功能,当任务较为复杂、不能使用简单的内置函数解决时,可以使用用户自定义函数(Thusoo 等,2009)对 Hive 的功能进行扩展。用户自定义函数包括 UDF、UDAF、UDTF 三种,其中,UDF 用于操作单个数据行,返回结果为单个数据行,使用 UDAF 时,数据处理的对象为多个数据行,用于产生一个数据行,UDTF 则用于需要产生多个数据行输出的情况,也可产生一张数据表作为输出,处理的对象为单个数据行。

用户创建自定义函数时,首先需要继承相关基类,实现特定的方法。然后在开发环境中将代码类进行打包,输出为 jar 格式。然后在 Hive 中将该函数的 jar 包添加到 Hive 中进行注册,使用的命令为 add jar。自定义函数添加完成后,对该函数类创建模板函数,实质就是为该类创建临时函数,这个临时函数只能用于该次 Hive 会话,下次启动 Hive 时如果需要再次使用该功能,则需再次定义。完成临时函数的定义后,就可以在查询中使用该自定义函数。

§10.3 分布式联机分析处理平台 Apache Kylin

10.3.1 Apache Kylin 的背景

在大数据时代,数据逐渐膨胀并扩大,数据呈现爆炸式增长,数据的规模很庞大,不能用简单的 G 或者 T 来计量。大数据的数量一般是 P、E、T 单位,人们越来越意识到数据的重要性。Hadoop 逐渐成为大数据的分布式系统的基本框架结构,一大批的工具围绕着 Hadoop 平台进行构建,用来适应不同的情况及需求。

Apache Kylin(麒麟)是一个基于 Hadoop 的分布式分析引擎,提供了基于 Hadoop 的 SQL 查询和多维分析(OLAP),支持超大规模的数据,最初由 eBay 开发,并且在 2014 年 10 月共享到开源社区,于 2015 年 11 月成为 Apache 的顶级项目,也是完全由中国人独立开发的 Apache 顶级项目(Ho 等,2013)。Kylin 和 HBase、Spark 等一起成为 2015 年的最佳开源大数据 Bossie Awards 的奖项,并在 2016 年蝉联获得 Bossie Awards 最佳开源大数据工具奖,与 Google TensorFlow、Apache Spark 等荣登榜单。这是中国项目首次获得此奖项。

10.3.2 Kylin 的基本原理和构架

Apache Kylin 的工作原理本质上是 MOLAP(Multidimensional Online Analytical Processing)Cube,也就是多维立方体分析(Dehdouh,2016)。这是数据分析中相当经典的理论,Kylin 并不是第一个实现分布式 OLAP 技术,但却是第一个将其构建在 Hadoop 技术和最新技术上的。

有了维度和度量,一个数据表或数据模型上的所有字段就可以分类了,它们要么是维度,要么是度量(可以被聚合)。于是就有了根据维度和度量做预计算的 Cube 理论,Kylin

的核心思想就是对多维分析能够提前用到的度量进行预处理,并且将计算的结果保存成 Cube(Patil 等,2016)。使这些 Cube 可以被直接访问查询,提前把一些的度量聚合关系、表关联的查询等复杂操作转换成预计算的结果提前处理并存储,这就是 Kylin 能够很好地完成快速查询的原因。

  Kylin 主要的数据源可以来自 Hive 和 Kafka,为了实现稳定的大数据查询,提供并行计算的解决方案 MapReduce、Spark,并把预计算的结果存储到 HBase 里面,对外的接口有 REST、JDBC、ODBC(Li,2017),Kylin 的基于 Hadoop 的构架如图 10-4 所示,基于 Hadoop 集群的架构如图 10-5 所示。

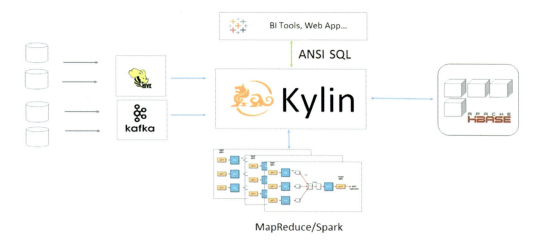

图 10-4   Kylin 的构架扩展图

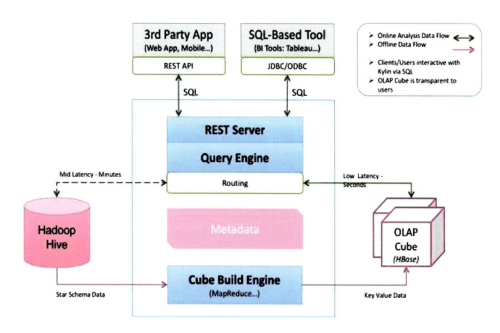

图 10-5   Kylin 基于 Hadoop 集群的架构图

Kylin 包括以下核心模块：

(1) REST Server。REST Server 是 Kylin 为开发人员准备的开发应用的接口,可以实现通过 Restful 接口实现 SQL 语句的查询,也可以对 Kylin 实现其他操作,如查询、获取查询的结果、构建新的 Cube、获取用户权限等。

(2) 查询引擎(Query Engine)。查询引擎是在 Cube 创建完成后为了解析用户查询的语句,随后和相关联的其他组件进行交互,根据查询反馈给用户相对应的结果。Kylin 是使用 Apache Calcite 这个开源的数据管理框架来进行 SQL 语句的解析。

(3) Routing。负责对解析 SQL 语句并且转变成对 cube 的缓存查询,通过 MapReduce 进行预计算,并将预计算的结果存储到 HBase 里面,把查询的速度变成毫秒级别。

(4) 元数据管理工具(Metadata Manager)。Kylin 是一款元数据驱动型应用程序,元数据管理是一整个数据分析的最重要的组件之一。元数据管理是对保存在 Kylin 里的所有数据进行管理,其他每个组件都依赖于元数据进行。

(5) 任务引擎(Cube Build Engine)。任务引擎的设计目的在于处理所有任务,其中包括创建 cube 的所有步骤、MapReduce 任务等。任务引擎对 Kylin 当中的所有步骤进行管理和进行协同,保证每个步骤都能顺利进行,如果出现错误可以对错误进行简单的处理。

(6) 存储引擎(Storage Engine)。存储引擎负责对相应的 cuboid 进行保存,存储引擎使用 Hadoop 生态系统中的 HBase。存储是用键—值对进行保存,当出现比 HBase 更好的方案时也可以更换数据保存引擎。

(7) ODBC/JDBC 驱动程序。为了支持第三方工具与应用程序,所以采用了 JDBC/ODBC 的驱动程序,是为了更好地构建基于 Kylin 的应用,并实现对 Kylin 的方便调用。

10.3.3 Kylin 的特点

(1) 采用可扩展架构。将 OLAP 的三大依赖(数据源、Cube 引擎、存储引擎)彻底解耦。Kylin 可不再直接依赖于 Hadoop/HBase/Hive,而是可以作为一个可扩展的平台对外提供抽象接口,具体的实现以插件的方式指定所用的数据源、引擎和存储。开发者和用户可以通过定制开发,将 Kylin 接入 Hadoop/HBase/Hive 以外的大数据系统,比如用 Kafka 代替 Hive 作数据源,用 Spark 代替 MapReduce 做计算引擎,用 Cassandra 代替 HBase 做存储,这种灵活的设置保证了 Kylin 可以随其他平台技术一起演进,紧跟技术潮流。

(2) 亚秒级响应。Apache Kylin 拥有优异的查询响应速度,这点得益于预计算,很多复杂的计算,比如连接、聚合,在离线的预计算的过程中就已完成,从而大大降低了查询时刻所需要的计算量,提高了响应速度(Koitzsch,2017)。

根据可查询到的公开资料,Apache Kylin 在某生产环境中 90% 的查询可以在 3s 内返回结果。这并不是说一小部分 SQL 相当快,而是在数万种不同 SQL 的真实生产系统中,绝大部分的查询都非常迅速;在另外一个真实的案例中,对 1000 多亿条数据构建了立方体,90% 的查询性能都在 1.18s 以内,可见 Kylin 在超大规模数据集上表现优异。这与一些只在实验室中、只在特定查询情况下采集的性能数据不可同日而语。当然并不是使用 Kylin 就一定能获得最好的性能。针对特定的数据及查询模式,往往需要做进一步的性能调优配置优化等,性能调优对于充分利用好 Apache Kylin 至关重要。

对 HBase 存储结构进行了调整,将大的 Cuboid 分片存储,将线性扫描改良为并行扫描。基于上万查询进行了测试对比结果显示,分片的存储结构能够极大地提速原本较慢的查询 5~10 倍,但对原本较快的查询提速不明显,综合起来平均提速为 2 倍左右。

Fast cubing 算法,利用 Mapper 端计算先完成大部分聚合,再将聚合后的结果交给 Reducer,从而降低对网络瓶颈的压力。对 500 多个 Cube 任务的实验显示,引入 Fast cubing 后,总体的 Cube 构建任务提速 1.5 倍。

(3)支持超大数据集。Apache Kylin 对大数据的支撑能力可能是目前所有技术中最为领先的。早在 2015 年 eBay 的生产环境中 Kylin 就能支持百亿记录的秒级查询,之后在移动的应用场景下又有了千亿记录秒级查询的案例(Lakhe,2016)。

因为使用了 Cube 预计算技术,在理论上,Kylin 可以支撑的数据集大小没有上限,仅受限于存储系统和分布式计算系统的承载能力,并且查询速度不会随数据集的增大而减慢。Kylin 在数据集规模上的局限性主要在于维度的个数和基数。它们一般由数据模型来决定,不会随着数据规模的增长而线性增长,这也意味着 Kylin 对未来数据的增长有着更强的适应能力。

§10.4 基于大数据平台的数据仓库设计与实现

10.4.1 基于大数据平台的数据仓库系统架构

基于大数据平台的地质环境数据仓库是构建在 Hadoop 平台之上的,Hadoop 的数据分布式存储/分布式处理框架是整个系统的核心,它能够提供海量数据的分布式存储以及海量数据的分布式计算,能够使用比较廉价的设备构建集群,并通过冗余备份的策略解决了数据存储的可靠性问题。

在 Hadoop 平台中,HDFS(Hadoop 分布式文件系统)提供了最基本的文件服务,MapReduce 提供了分布式计算框架,Hive 为数据仓库提供了存储空间,而 Hbase 为多维数据立方提供了存储空间。Kylin 虽然不属于 Hadoop 生态系统,但是它可以很好地与 Hadoop 兼容,为 OLAP 提供了分析引擎。

系统的整体结构如图 10-6 所示,业务数据库中的源数据通过 ETL 加载到 HDFS 及 Hive 中,经过 Kylin 的快速 Cube 算法控制生成分布式的 MapReduce 作业,这些作业将在 HBase 数据库中生成数据多维模型,最后,BI 客户端发出的 OLAP 分析请求经 Kylin 引擎转换成对 HBase 中多维数据的查询操作。

系统的逻辑结构如图 10-7 所示,整个系统从逻辑上可分成 3 个层次:存储层、OLAP 引擎层和应用层。

(1)存储层。运行于 Hadoop 集群及 Hive 之上,当上层传递聚集加载请求时,由 SQL 产生器 HiveDialect 生成该列的 HQL 语句。Hive 数据仓库将 HQL 语句转化为 MapReduce 作业,并提交到 Hadoop 平台的分布式计算框架中进行计算。

(2)OLAP 引擎层。主要由 Kylin 实现,包括元数据管理 Schema 和 OLAP 引擎。元数据管理Hive数据仓库到多维模型的映射,具体映射关系由Schema文件定义;OLAP引擎负责构建多维数据集模型并从Hive数据仓库中获得相应数据加以填充,由于多维模型使用MDX语言进行描述,因此在填充数据的过程中并使用了开源的MDX解析器,将MDX语句解析成Hive可以执行的HQL语句,然后通过调用Hive的JDBC/ODBC接口,获得可供分析和展示的多维数据并存入HBase中。

(3)应用层。通过各种BI或者OLAP前台进行展示,能够实现数据仓库及多维数据与用户的可视化接触,使用户能够进行典型的OLAP操作,如上钻、下钻、旋转、切片等,并提供报表转换、打印等常用功能。

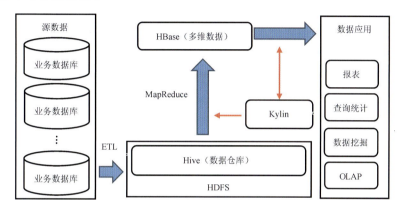

图10-6 基于大数据平台的数据仓库体系结构

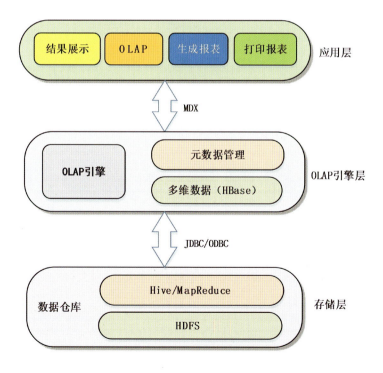

图10-7 系统的逻辑结构

10.4.2 在 Hadoop 平台上建立 Hive 数据仓库

10.4.2.1 分布式大数据存储基础环境下建立数据仓库

在分布式大数据环境下建立数据仓库及 OLAP 系统应采用读写分离的部署方式，也就是将基于 Hive 的数据仓库与基于 Hbase 的数据立方进行分离。主要原因如下：

(1) 在计算数据立方的时候，需要调用 MapReduce 作业进行批量运算，当处理维度很多、数据量庞大的时候，需要密集地调用庞大的计算资源，可能会造成较长的延迟时间。

(2) OLAP 实现的是实时的在线查询分析，是查询数据立方中的预处理结果，只需对构建的数据立方进行读取操作，要求响应要快速并且延迟要低。

如果将数据仓库和数据立方放在同一个物理环境，那么计算数据立方的工作会给整个集群带来相当大的负荷，可能会对同时进行的 OLAP 作业带来性能上的影响。因此，出于性能上的考虑，在分布式大数据环境下，数据仓库系统应采用分离式的部署方案，即分别部署 Hadoop+Hive 集群和 Hadoop+HBase 集群。Hadoop+Hive 集群用于数据仓库的存储、数据立方的计算，而 Hadoop+HBase 集群用于数据立方的存储和查询。部署方式如图 10-8 所示。

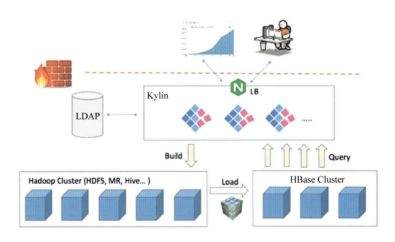

图 10-8 大数据环境下数据仓库系统读写分离部署

需要注意的是，两个集群的 Java 版本以及 Hadoop 的版本要保持一致，并确保 Hive 集群和 HBase 集群之间网络的连通性，节点之间需要设置 SSH(Secure Shell)来实现节点之间的免密码登录以及不同节点上进程之间数据的加密传输。

SSH 是建立在计算机网络层和传输层上的安全协议，为远程登录会话及各类网络服务提供安全的网络协议。由于计算机之间的登录信息不能明文进行传输，所以需要 SSH 协议进行加密传输来保证登录信息的安全。SSH 使用公钥和私钥对来实现信息安全传输，客户机事先将自己的公钥存储到远程要登录的主机上，当客户机要求登录远程主机时，远程主机向客户机随机发送字符串，客户机使用私钥对这段字符串进行加密并返回给远程主机，远程主机使用事先保存的客户机公钥对加密文本进行解密并还原字符串,从而验明要登录的客户机是可信赖的,通过这种方式,远程登录时可以不再要求客户机提供登录密码,从而实现了集群客户机之间的免密码登录。除了免密码登录,SSH 也常用在信息的加密传输。

在配置 Hadoop 集群的时候,需要设置好几个关键的配置文件:core-site.xml 配置文件中描述了主节点的协议名称、主机名称以及主节点开放的端口号。hdfs-site.xml 定义了分布式文件系统 HDFS 中的配置,包括 HDFS 中文件权限,本地文件位置,文件备份的个数,数据块的大小以及心跳检测机制的间隔时间。mapred-site.xml 定义了 MapReduce 任务执行的配置信息,包括 Job 历史文件的存放位置,Job 执行时最大 Map 数,JobTracker 最大线程数以及 JobTracker 端口等信息。

Hadoop 集群启动时,在 master 节点启动 Namenode、Secondary Namenode 和 Job-Tracker 进程;slave 节点启动 Datanode 和 TaskTracker 进程,从而启动基本的分布式存储和分布式计算服务。Hadoop 集群启动后,可使用 jps 命令查看当前运行的进程。

Hive 及 HBase 也需进行相关的配置才可以正常运行,Hive 可使用 MySQL 作为 Hive 的元数据库。具体配置过程可参考官方技术文档,这里就不再赘述。

10.4.2.2 大数据环境下数据仓库的 ETL

在 Hadoop 环境下,Kylin 处理数据的来源之一是 Hive,首先利用 ETL 工具把要分析的数据导入到 Hive 中的数据仓库中。

可以使用开源工具软件 Kettle 完成数据的 ETL,也可使用 Hadoop 平台中的 Sqoop 工具完成数据的 ETL,把数据从文本文件或者业务数据库中传输到 Hive 中。

图 10-9 是使用 Kettle 连接业务数据库及 Hive 数据库完成 ETL 的示例。图 10-10 是在 Kettle 调用 Sqoop 接口的界面。

Hive 数据仓库的数据表往往不能直接满足建立数据立方的要求,有时需要进行必要的处理,在很多情况下不一定要修改原始数据,只需要使用 Hive 视图对数据进行实时转换即可。例如在处理红河州和怒江州地质灾害数据时,需要精确分析泥石流泥位数据,但是在 Hive 字段中存储的是 string 类型,此时可使用 Hive 视图把 string 类型转换成 double 类型。

图 10-9　Kettle 操作 ETL

图 10-10　Kettle 中通过 Sqoop 接口完成 ETL

§10.5　基于 Kylin 的大数据 OLAP 的实现

在构建好的大数据平台上，建立基于 Apache Kylin 的大数据 OLAP 分析平台，其结构如图 10-11 所示。

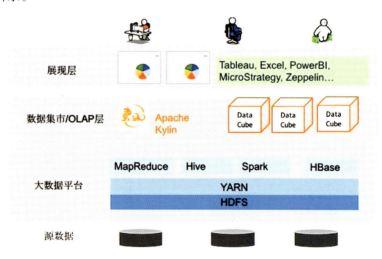

图 10-11　基于 Apache Kylin 的大数据 OLAP 平台

Kylin 对外设置了 ODBC 和 JDBC 的接口，方便 Tableau、Power BI、Zeppelin 等 BI 工具访问多维数据集合。图 10-12 显示的是 Kylin 的 ODBC 配置界面。

图 10-12　KylinODBC 设置

在 Tableau 中,连接到 Kylin 时,通过驱动里面设置的 Kylin 服务器主机、端口、用户名和密码等参数实现链接连接,完成连接会出现如图 10-13 所示的维度、度量列表。在进行联机分析处理时,可选择维度和度量放到列或行中,如图 10-14 所示。

图 10-13　维度及度量列表

图 10-14　选择度量和维度放行或者列中

度量值可以采用平均值、最大值、最小值、总计值等聚合算法,也可选择展示的图、表类型,如图 10-15 所示。

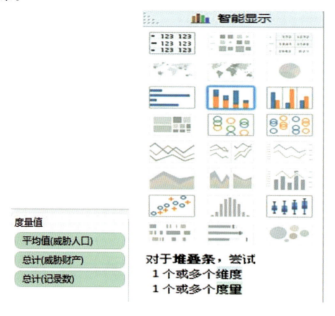

图 10-15　选择度量值聚合算法及展示图表种类

图 10-16 是云南省受地质灾害威胁的人口及财产数据立方的 OLAP 表格展示,行政区划维度已从云南省下钻到州市、县、乡镇、村。

省	州市	县	乡镇	村组	威胁人数	威胁财产	记录数
云南省	红河哈尼族彝族自治州	河口县	老范寨乡	斑鸠河村	30	15	3
		河口瑶族自治县	河口镇	坝洒农场	96	159	6
				北山社区居民委员会	33	345	9
				槟榔社区居民委员会	2,100	555	6
				合群社区居民委员会	2,073	561	21
				河口农场	4,473	1,647	54
				蚂蝗堡农场	81	48	9
			老范寨乡	斑鸠河村	300	150	3
				古林菁林场第四块	60	300	6
				桂良村民委员会	0	4	3
				太阳寨村	96	150	3
			莲花滩乡	长虫坡村	165	36	3
				莲花滩村小水井组	15	9	3
				上甘塘村	1,140	270	3
				石板寨村民委员会	0	135	3
				石板寨村水碓冲组	171	186	6
			南溪镇	大南溪村	45	12	3
				戈浩村	390	90	3
				南溪村民委员会	0	0	3
				南溪农场	9	114	18
				南溪农场龙堡村	15	15	3
			桥头乡	堡堡村	180	120	3
				薄竹菁村	360	105	6
				薄竹菁村民委员会	1,164	249	6
				薄竹菁村岩脚小组	561	123	3
				老汪山村	114	18	3
				老汪山村民委员会	156	36	3
				桥头村	243	60	3
				竹林村	0	18	3
				竹林寨村民委员会	813	231	12
				竹林寨老将口小组	42	48	3

图 10-16　地质灾害威胁数据立方下钻的表格展示

除了表格以外,也可通过图形增加数据的可视化程度。图 10-17 是不同类型地质灾害受灾人数的气泡图展示。图 10-18 是不同地区灾害体威胁人口及威胁财产的散点图展示。

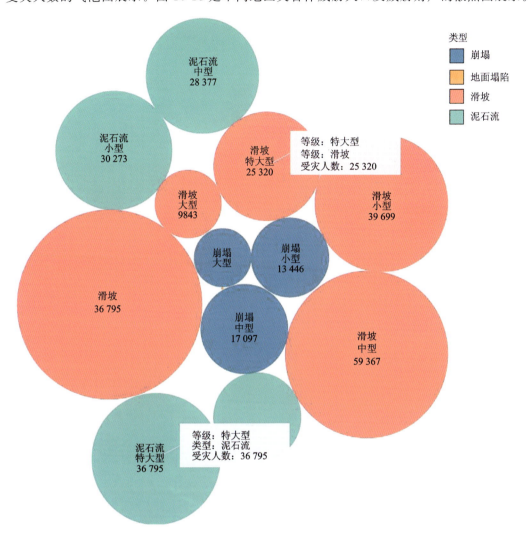

图 10-17 气泡图展示地质灾害威胁立方

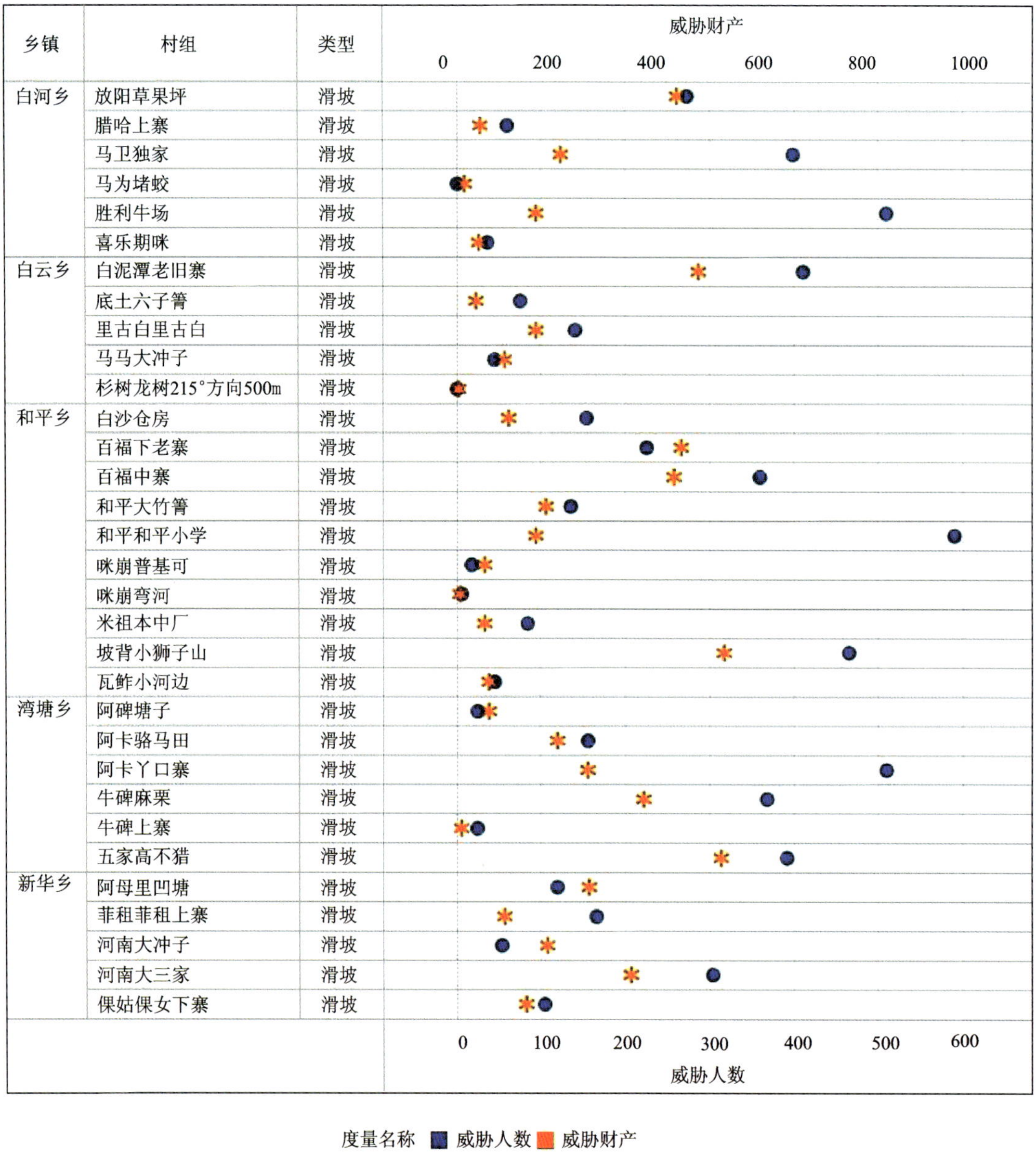

乡镇	村组	类型	威胁财产 0 — 200 — 400 — 600 — 800 — 1000
白河乡	放阳草果坪	滑坡	
	腊哈上寨	滑坡	
	马卫独家	滑坡	
	马为堵蛟	滑坡	
	胜利牛场	滑坡	
	喜乐期咪	滑坡	
白云乡	白泥潭老旧寨	滑坡	
	底土六子箐	滑坡	
	里古白里古白	滑坡	
	马马大冲子	滑坡	
	杉树龙树215°方向500m	滑坡	
和平乡	白沙仓房	滑坡	
	百福下老寨	滑坡	
	百福中寨	滑坡	
	和平大竹箐	滑坡	
	和平和平小学	滑坡	
	咪崩普基可	滑坡	
	咪崩弯河	滑坡	
	米祖本中厂	滑坡	
	坡背小狮子山	滑坡	
	瓦鲊小河边	滑坡	
湾塘乡	阿碑塘子	滑坡	
	阿卡骆马田	滑坡	
	阿卡丫口寨	滑坡	
	牛碑麻栗	滑坡	
	牛碑上寨	滑坡	
	五家高不猎	滑坡	
新华乡	阿母里凹塘	滑坡	
	菲租菲租上寨	滑坡	
	河南大冲子	滑坡	
	河南大三家	滑坡	
	倮姑倮女下寨	滑坡	
			0 — 100 — 200 — 300 — 400 — 500 — 600 威胁人数

度量名称 ■ 威胁人数 ■ 威胁财产

图 10-18 散点图展示地质灾害威胁立方

参考文献

白世彪,闾国年,盛业华.GIS 技术在三峡库区滑坡灾害研究中的应用[J].长江流域资源与环境,2005,(3):386-392.

鲍玉斌,陆群,蔡金明,等.基于领域本体的海洋环境数据仓库多维建模技术[J].海洋通报,2009,28(4):132-140.

蔡胤,肖敦辉.三峡库区地质灾害数据仓库的 ETL 技术研究[J].电子科技,2010,23(5):18-22.

陈红顺,黄海峰,夏斌,等.基于数据仓库的环境数据资源整合研究——以广东省韶关市为例[J].环境污染与防治,2009,31(9):82-84.

陈慧萍.大型数据仓库实现技术的研究[J].计算机工程与设计,2006,27(21):3956-3958.

陈琳,杜有福,王元珍.地理信息数据仓库技术的研究[J].计算机工程与设计,2002,23(2):7-9.

池太崴.数据仓库结构设计与实施:建造信息系统的金字塔[M].北京:电子工业出版社,2009.

戴福初,姚鑫,谭国焕.滑坡灾害空间预测支持向量机模型及其应用[J].地学前缘,2007,14(6):153-159.

邓中国,周奕辛.数据清洗技术研究[J].山东科技大学学报(自然科学版),2004,23(2):55-57.

董辉,傅鹤林,冷伍明,等.基于 Takens 理论和 SVM 的滑坡位移预测[J].中国公路学报,2007,20(5):13-18.

董辉,傅鹤林,冷伍明.滑坡变形的支持向量机非线性组合预测[J].铁道学报,2007,29(1):132-136.

杜娟,殷坤龙,柴波.基于诱发因素响应分析的滑坡位移预测模型研究[J].岩土力学与工程学报,2009,28(9):1783-1789.

杜军,杨青华.基于 GIS 与 AHP 耦合的汶川震后次生地质灾害风险评估[J].中国水土保持,2009(11):14-16.

杜明义,郭达志.空间数据仓库技术与模型研究[J].计算机工程与应用,1999,27(12):16-18.

高进.米脂县地质灾害易发性与危险性评价[D].西安:长安大学,2016.

高克昌,崔鹏,赵纯勇,等.基于地理信息系统和信息量模型的滑坡危险性评价——以重庆万州为例[J].岩石力学与工程学报,2006,25(5):991-996.

高帅,姬怡微,何意平,等.基于层次分析法与 ArcGIS 的榆阳区地质灾害易发性与危险性分区评价[J].地质灾害与环境保护,2015,(3):98-104.

关文革,武强,王建平.基于数据驱动的螺旋式数据仓库开发方法的研究[J].计算机工程与应用,2004,12：105-107.

郭强.片论中国自然灾害的社会科学研究[J].天中学刊,1999,(1):37-39.

郭跃.灾害易损性研究的回顾与展望[J].灾害学,2005,20(4):92-96.

郭志懋,周傲英.数据质量和数据清洗研究综述[J].软件学报,2002,13(11):2076-2082.

韩家炜,Micheline K.数据挖掘:概念与技术(英文版.第2版)[M].北京：机械工业出版社,2006.

郝小员,郝小红,熊红梅,等.滑坡时间预报的非平衡时间序列方法研究[J].工程地质学报,1999,7(3):279-283.

何淑军.陕西宝鸡市渭滨区地质灾害风险评估研究[D].北京：中国地质科学院,2009.

胡本涛,季伟峰,李长明,等.三峡库区典型滑坡监测及治理措施研究[J].水土保持研究,2007,14(2):243-245.

胡德勇,李京,陈云浩,等.GIS支持下滑坡灾害空间预测方法研究[J].遥感学报,2007,11(6):852-859.

胡光道,陈建国.金属矿产资源评价分析系统设计[J].地质科技情报,1998,17(1):45-49.

胡光道,李振华.基于数据中心的国土资源信息系统基础平台的构建及技术问题[J].地球科学——中国地质大学学报,2002,27(5):306-310.

胡光道,李振华,梅红波,等.三峡库区地质灾害数据仓库的设计和实现[J].地球科学——中国地质大学学报,2011,36(2):255-261.

胡光道.地质数据仓库设计中的几个问题[J].地球科学,1999,(5):522-524.

胡浩鹏.北京市泥石流灾害风险评估指标体系及方法研究[D].北京:中国地质大学(北京),2007.

黄解军,崔巍,袁艳斌,等.面向数字矿山的数据仓库构建及其应用研究[J].中国矿业,2009,18(11):76-79.

黄润秋,向喜琼,巨能攀.我国区域地质灾害评价的现状及问题[J].地质通报,2004,23(11):1078-1082.

姜彤,许朋柱.自然灾害研究中的社会易损性评价[J].中国科学院院刊,1999(3):186-191.

蒋良孝,蔡之华.基于数据仓库的数据挖掘研究[J].计算技术与自动化,2003,22(3):102-105.

蒋勇军,况明生,匡鸿海,等.区域易损性分析、评估及易损度区划——以重庆市为例[J].灾害学,2001,16(3):59-64.

解会存,金志.基于ArcGIS的地质灾害易发性和危险性分区评价——以宿松县为例[J].地质灾害与环境保护,2016,(3):86-91.

李德仁,关泽群.空间信息系统的集成与实现[M].武汉：武汉大学出版社,2000.

李德仁.信息高速公路、空间数据设施与数字地球[J].测绘学报,1999,28(1):1-5.

李军,周成虎.基于栅格GIS滑坡风险评价方法中格网大小选取分析[J].遥感学报,2003,7(2):86-92.

参考文献

李强,李端有.滑坡位移监测动态预报时间序列分析技术研究[J].长江科学院院报,2005,22(6):16-19.

李雪平,唐辉明.基于GIS的分组数据Logistic模型在斜坡稳定性评价中的应用[J].吉林大学学报(地球科学版),2005,35(3):361-365.

李永红,向茂西,贺卫中,等.陕西汉中汉台区地质灾害易发性和危险性分区评价[J].中国地质灾害与防治学报,2014,(3),107-113

李振华,胡光道,陈建国.地质数据仓库的特点及其数据组织[J].地球科学——中国地质大学学报,1999,24(5):536-538.

李振华,胡光道,王淑华.一个地学数据仓库的初步设计与实现[J].地质与勘探,2002,38(5):67-70.

李振华.基于空间控制点的地学数据仓库模型及其应用研究[D].武汉:中国地质大学(武汉),2004.

廖晓玉,咚志军,杨令宾,等.松花江流域水资源空间数据仓库的设计与实现[J].测绘科学,2009,34(2):219-222.

刘光旭,吴文祥,张绪教.昆明市东川区泥石流风险性评价研究[J].中国地质灾害与防治学报,2008,19(3):29-33.

刘广润,晏鄂川,练操.论滑坡分类[J].工程地质学报,2002,10(4):339-342.

刘让国.数据仓库技术在交通信息中的应用研究[D].北京:中国科学院大学,2007.

刘同明.数据挖掘技术及其应用[M].北京:国防工业出版社,2001.

柳源.中国山地地质灾害风险区划研究[D].武汉:中国地质大学(武汉),2000.

马水山,王志旺,张漫.基于关联规则挖掘的滑坡监测资料分析[J].长江科学院院报,2004,21(5):48-51.

马寅生,张业成,张春山,等.地质灾害风险评价的理论与方法[J].地质力学学报,2004,10(1):7-18.

马志江,陈汉林,杨树锋.基于支持向量机理论的滑坡灾害预测——以浙江庆元地区为例[J].浙江大学学报(理学版),2003,30(5):592-596.

毛德华,王立辉.湖南城市洪涝易损性诊断与评估[J].长江流域资源与环境,2002,11(1):89-93.

梅海,张纪勋.兰州市地质灾害易损性评价[J].南水北调与水利科技,2010,8(2):103-106.

梅红波.三峡库区单体滑坡灾害数据仓库系统研究[D].武汉:中国地质大学(武汉),2010.

孟庆华.秦岭山区地质灾害风险评估方法研究[D].北京:中国地质科学院,2011.

缪嘉嘉,邓苏,刘青宝.ETL综述[J].计算机工程,2004,30(3):4-6.

彭令.三峡库区滑坡灾害风险评估研究[D].武汉:中国地质大学(武汉),2013.

彭银桥,甘元驹.数据ETL过程中的实体识别方法[J].现代电子技术,2005(7):44-46.

亓呈明,崔守梅,陈辉,等.滑坡成因决策树挖掘[J].中国地质灾害与防治学报,2006,17(1):73-76.

邱海军.区域滑坡崩塌地质灾害特征分析及其易发性和危险性评价研究[D].西安:西北

大学,2012.

石菊松,张永双,董诚,等.基于GIS技术的巴东新城区滑坡灾害危险性区划[J].地球学报,2005,26(3):275-282.

石菊松.基于遥感和地理信息系统的滑坡风险评估关键技术研究[D].北京:中国地质科学院,2008.

石莉莉,乔建平.基于GIS和贡献权重迭加方法的区域滑坡灾害易损性评价[J].灾害学,2009,24(3):46-50.

覃雄派,王会举,杜小勇,等.大数据分析——RDBMS与MapReduce的竞争与共生[J].软件学报,2012,(1):32-45.

汤国安,杨昕.ArcGIS地理信息系统空间分析实验教程[M].北京:科学出版社,2006.

田忠和,张霞.ROLAP中星型模型的索引优化策略[J].计算机应用,2004,24(6):63-65.

汪华斌,吴树仁.滑坡灾害风险评价的关键理论与技术方法[J].地质通报,2008,27(11):1764-1770.

王珊.数据仓库技术与联系分析处理[M].北京:科学出版社,1998.

王尚庆,徐进军,罗勉.三峡库区白水河滑坡险情预警方法研究[J].武汉大学学报(信息科学版),2009,34(10):1218-1221.

王淑华,胡光道,李振华.地学数据仓库系统的设计及关键技术问题[J].物探化探计算技术,2004,(4):351-354.

王树良,王新洲,曾旭平,等.滑坡监测数据挖掘视角[J].武汉大学学报(信息科学版),2004,29(7):608-610.

王新英.数据ETL问题研究[J].湖南工程学院学报,2004,14(3):45-48.

王秀英,聂高众,王登伟.汶川地震诱发滑坡与地震动峰值加速度对应关系研究[J].岩土力学与工程学报,2010,29(1):82-89.

王永志,高光大,杨毅恒,等.地学空间数据仓库的构建技术[J].地质通报,2008,27(5):713-718.

王志旺,李端有,王湘桂.证据权法在滑坡危险度区划研究中的应用[J].岩土工程学报,2007,29(8):1268-1273.

魏风华.河北省唐山市地质灾害风险区划研究[D].北京:中国地质大学(北京),2006.

魏红雨.基于4G地学空间数据集成关键技术研究[D].长春:吉林大学,2014.

文家海.基于GIS的滑坡灾变智能预测系统及应用研究[D].重庆:重庆大学,2004.

吴树仁,石菊松,张春山,等.地质灾害风险评估技术指南初论[J].地质通报,2009,28(8):995-1005.

吴湘宁.地质环境数据仓库联机分析处理与数据挖掘研究[D].武汉:中国地质大学(武汉),2014.

向仁军.基于粗糙集理论数据挖掘方法在边坡安全评价中的应用[D].长沙:中南大学,2005.

向喜琼.区域滑坡地质灾害危险性评价与风险管理[D].成都:成都理工大学,2005.

邢秋菊,赵纯勇,高克昌,等.基于GIS的滑坡危险性逻辑回归评价研究[J].地理与地理信息科学,2004,20(3):49-51.

熊倩莹.基于1:5万地质灾害填图的区域地质灾害易发性及危险性的评价与区划[D].成都:成都理工大学,2015.

许强,黄润秋,李秀珍.滑坡时间预测预报研究进展[J].地球科学进展,2004,19(3):478-453.

晏同珍,杨顺安,方云.滑坡学[M].武汉:中国地质大学出版社,2000.

杨群,闾国年,陈钟明.地理信息数据仓库的技术[J].中国图象图形学报,1999,(8):521-526.

杨义根.面向应用模式的 Hadoop/Hive 架构和性能及应用研究[D].天津:南开大学,2014.

殷杰,尹占娥,许世远.上海市灾害综合风险定量评估研究[J].地理科学,2009,29(3):450-454.

殷坤龙,陈丽霞,张桂荣.区域滑坡灾害预测预警与风险评价[J].地学前缘,2007,14(6):85-97.

殷坤龙.滑坡灾害预测预报分类[J].中国地质灾害与防治学报,2003,14(4):12-18.

尹邢飞,陈钢.ETL 在高校信息化建设中的应用与研究[J].计算机与数字工程,2004,(33):46-49.

尹章才,邓运员.时空数据仓库初探[J].测绘科学,2002,27(3):8-12.

尤玉林,张宪民.一种可靠的数据仓库中 ETL 策略与架构设计[J].计算机工程与应用,2005(10):172-175.

于宝琴,杨宝祥.企业物流信息系统整合与应用[M].北京:中国物资出版社,2007.

于焕菊,谢传节,李云岭,等.中国华北地区地震空间数据仓库的构建与分析[J].地球信息科学,2006,8(3):55-93.

张安兵,孙军,高井祥,等.RS-BP 神经网络融合建模及应用[J].河北工程大学学报(自然科学版),2007,24(1):89-91.

张桂荣,殷坤龙.区域滑坡空间预测方法研究及结果分析[J].岩石力学与工程学报,2005,24(23):4297-4302.

张梁,张业成,罗元华.地质灾害灾情评估理论与实践[M].北京:地质出版社,1998.

张鸣之,喻孟良,王勇,等.国家级地质环境数据仓库的设计和实现[J].地球科学——中国地质大学学报,2013,38(6),1347-1355.

张夏林,方世明,汪新庆,等.数据仓库技术在国土资源信息系统中的应用[J].计算机工程,2001,27(9):139-141.

张玉成,杨光华,张玉兴.滑坡的发生与降雨关系的研究[J].灾害学,2007,22(1):82-85.

张振华,罗先启,吴剑,等.三峡库区滑坡监测模型建模研究[J].人民长江,2006,37(4):93-94.

赵建华,陈汉林,杨树锋,等.基于决策树算法的滑坡危险性区划评价[J].浙江大学学报(理学版),2004,31(4):465-470.

赵霈生,杨崇俊.空间数据仓库的技术与实践[J].遥感学报,2000,4(2):157-160.

周宏广,周继承,彭银桥,等.数据 ETL 工具通用框架设计[J].计算机应用,2003,23(12):96-98.

周利敏.灾后重建中的非营利组织与非正式参与途径[J].大连理工大学学报(社会科学版),2010,31(2):62-66.

周炎坤,李满春.大型空间数据仓库初探[J].测绘通报,2000(8):22-23.

朱晨杰.MapReduce 作业组合系统的研究与实现[D].上海:上海交通大学,2013.

朱传华.三峡库区地质灾害数据仓库与数据挖掘应用研究[D].武汉:中国地质大学(武汉),2010.

朱月琴,谭永杰,张建通,等.基于 Hadoop 的地质大数据融合与挖掘技术框架[J].测绘学报,2015,44(S1):152-159.

邹杨娟.泥石流灾害风险定量评估[D].成都:电子科技大学,2016.

邹逸江.空间数据仓库的概略设计[J].测绘科学,2002,27(3):13-16.

许冲,戴福初,姚鑫,等.GIS 支持下基于层次分析法的汶川地震区滑坡易发性评价[J].岩石力学与工程学报,2009,28(增2):3978-3985.

Aleotti P, Chowdhury R. Landslide hazard assessment summary review and new perspectives[J]. Bulletin of Engineering Geology and the Environment,1999,58:21-24.

Barclay T,Gray J,Slutz D. Microsoft Terra Server：A spatial data warehouse[J]. Sigmod Record. 2000,29(2):307-318.

Bell R W. Data warehouse for the National Water-Quality Assessment Program of the U. S. Geological Survey[C]. The 34th annual meeting of Geological Society of America, South-Central Section. USA: Geological Society of America. 2000.

Bettina Neuhauser, Birgit Terhorst. Landslide susceptibility assessment using "weights-of-evidence" applied to a study area at the Jurassic escarpment(SW-Germany)[J]. Geomorphology,2007,86:12-24.

Borga M,Dalla G,Fontana,et al. Shallow landslide hazard assessment using a physically based model and digital elevation data[J]. Environmental Geology,1998,35:2-3.

Meek C,Chickering DM,Heckerman D. Autoregressive Tree Models for Time-series Analysis[M]. SDM,2002.

C. Melchiorre,M. Matteucci,A. Azzoni,et al. Artificial neural networks and cluster analysis in landslide susceptibility zonation[J]. Geomorphology ,2008,94:379-400.

Carr K,Meyer R,Duma,Bryant K,Hartranft R,Bergman RF,Fox S. Storage andretrieval of spatially-qualified data from NASA's EOSDIS data pool[C]. International Geoscience and Remote Sensing Symposium(IGARSS). 2003.1:657-659.

Carrara A,Cardinali M,Guzzetti F,et al. GIS technology techniques in mapping Landslide hazard[M]. The Netherlands: Ktlwer. Dordreeht,1995:135-175.

Cees J van Westen,Enrique,Sekhar L. Spatial data for landslide susceptibility,hazard, and vulnerability assessment: An overview[J]. Engineering Geology,2008,102:112-131.

Charles E. Barnwell. Data is important to anchorage the case for the FGDC clearingHouse and GIS data warehousing. 2000. http://agdc. usgs. gov/info/wkgrps/clrhswg/

notes/moa. ppt.

Choi W,Lee S. Efficient OLAP operations in spatio-temporal data warehouses[C]. 7th IASTED International Conference on SOFTWARE ENGINEERING AND APPLICATIONS,Marinadel Rey,CA,USA. November 3-5,2003,356-361.

Cohen S. NAWQA results on the Web[J]. Ground water monitoring and remediation. 1999,19(4): 47-49.

Colin H Aldridge. Discerning Landslide Hazard Using a Rough Set Based Geographic Knowledge Discovery Methodology[C]. The 11th Annual Colloquium of the Spatial Information Research Centre University of Otago,Dunedin,New Zealand. 1999.

Curkendall D,Plesea L,Siegel H. The Ter(r)ascalecomputing and data Access framework: an extensible high performance information technology framework for global scale high resolution remote sensed data processing and access[C]. Abstract on the 2nd International Symposium on Digital Earth,Fredericton,New Brunswick,June 24th-28th,2001.

Kanungo DP,Arora MK,Sarkar S,et al. A comparative study of conventional,ANN black box,fuzzy and combined neural and fuzzy weighting procedures for landslide susceptibility zonation in Darjeeling Himalayas[J]. Engineering Geology,2006,85: 347-366.

Dai F C,Lee C F,Ngai Y Y. Landslide risk assessment and management:an overview [J]. Engineering Geology,2002,64(1):65-87.

Dean J,Ghemawat S. MapReduce: simplified data processing on large clusters[C]// Conference on Symposium on Opearting Systems Design & Implementation. USENIX Association,2004:10-10.

Dehdouh K. Building OLAP Cubes from Columnar NoSQL Data Warehouses[C]//International Conference on Model and Data Engineering[M]. Springer International Publishing,2016: 166-179.

Donnelly,Introducing J the national atlas of the United States[C]. Abstract on the 2nd International Symposium on Digital Earth, Fredericton, New Brunswick, June 24th-28th,2001.

Cevik E,Topal T. GIS-based landslide susceptibility mapping for a problematic segment of the natural gas pipeline,Hendek(Turkey)[J]. Environmental Geology,2003,44: 949-962.

Yesilnacar E,Topal T. Landslide susceptibility mapping: A comparison of logistic regression and neural networks methods in a medium scale study,Hendek region(Turkey) [J]. Engineering Geology,2005,79: 251-266.

Elzbieta. Esteban zimányi advanced data warehouse design: from conventional to spatial and temporal applications[M]. Berlin Heidelberg: Springer,2008.

Bonham-Carter F, G. Geographic Information Systems for Geoscientists: Modelling with GIS[M]. Canada: PERGAMON. 1994.

Agterberg FP,Bonham-Carter GF,Cheng Q,et al. Weights of evidence modeling and weighted logistic regression for mineral potential mapping. Computers in Geology,1993.

FGDC. National spatial data infrastructure: 1996 framework demonstration project program[OL]. http://www.fgdc.gov/publications/documents/cooperativeagreements/fundingprograms/96fdpp.pdf.

Forbes S R,Burke R G,Day C E. Building a CHS bathymetric data warehouse[J]. International Hydrographic Review,1999,76(2):111-124.

Bonham-Carter GF,Agterberg FP,Wright D F. Integration of Geological Datasets for Gold Exploration in Nova Scotia[J]. American Society for Photogrammetry and Remote Sensing,1988,54(11): 1585-1592.

Garcia-Rodriguez MJ,Malpica JA,Benito B,et al. Susceptibility assessment of earthquake triggered landslides in EI Salvador using logistic regression[J]. Geomorphology,2007,95:172-191.

Greco R,Sorriso-Valvo M,Catalano E. Logistic regression analysis in the evaluation of mass movements susceptibility:the aspromonte case study,Calabria,Italy[J]. Engineering Geology,2007,89:47-66.

Gregory C. Ohlmacher,John C. Davis. Using multiple logistic regression and GIS technology to predict landslide hazard in northeast Kansaa,USA[J]. Environmental Geology,2003,69: 331-343.

Guzzetti F. Estimating the quality of landslide susceptibility models[J]. Geomorphology,2006,81(1-2):166-184.

Nefeslioglu HA,Gokceoglu C,Sonmez H. An assessment on the use of logistic regression and artificial neural networks with different sampling strategies for the preparation of landslide susceptibility maps[J]. Engineering Geology 2008,97: 171-191.

Hitoshi Saito,Daichi Nakayama,Hiroshi Matsuyama. Comparison of landslide susceptibility based on a decision-tree model and actual landslide occurrence: The Akaishi Mountains,Japan[J]. Geomorphology,2009,109: 108-121.

Ho L Y,Li T H,Wu J J,et al. Kylin: An efficient and scalable graph data processing system[C]//Big Data,2013 IEEE International Conference on. IEEE,2013: 193-198.

Inmon W H. Building the data warehouse[M]. John Wiley and Sons,Inc. ,1993.

Inmon W H. EIS and the data warehouse: a simple approach to building an foundation for EIS[J]. Database Programming and Design,1992,5(11):70-73.

Jermaine C,Omiecinksi E,Yee Wai. Maintaining a large spatial database with T2SM. Proceedings of the ACM Workshop on Advances in Geographic Information Systems,Atlanta,Georgia,USA. November 9-10,2001: 76-81.

Jill McCoy,Kevin Johnston,Steve Kopp,et al. ArcGIS Spatial Analyst Manual[M]. Redlands: ESRI Inc. USA,2001.

John Mathew,V. K. Jha,G. S. Rawat. Weighs of evidence modelling for landslide hazard zonation mapping in part of Bhagirathi vally,Uttarakhand[J]. Current Science,2007,92(5): 628-638.

Keighan Edric,Henry Kucera. Second generation spatial information warehousing architectures[C]. The IV International Conference on GeoComputation Fredericksburg,VA, USA,on 25-28 July 1999.

Koitzsch K. Relational,NoSQL,and Graph Databases[M]//Pro Hadoop Data Analytics. Apress,2017:63-76.

Lakhe B. The Hadoop Ecosystem[M]//Practical Hadoop Migration. Apress,2016: 103-116.

Larsen M C,Torres Sanchez A J. The frequency and distribution of recent landslides in three montane tropical regions of Puerto Rico[J]. Geomorphology,1998,24:309-331.

Lee M L,Ling T W,Lu H J. Cleansing data for mining and warehousing[M]//Database and Expert Systems Applications. Florence:Springe,1999:751-760.

Leonardo Erimni,Filippo Catani,Nicola Casagli. Artificial Neural Networks applied to landslide susceptibility assessment[J]. Geomorphology,2005,66:327-343.

Li Chongxin. Transforming relational database into HBase:A case study[A]. Proceedings 2010 IEEE International Conference on Software Engineering and Service Sciences [C]. United States,2010:683-687.

Li Y,Chen Y,Rao FY. The approach for data warehouse to answering spatial OLAP queries[J]. Intelligent data engineering and automated learning,Lecture motes in computer science. 2003,2690:270-277.

Li Y. Apache Kylin from eBay:Extreme OLAP engine for Hadoop-O'Reilly Media Free,Live Events[J]. 2017.

Li Zhenhua,Hu Guangdao,Zhang Zhenfei. Development of geological data warehouse [J]. Earth Science——Journal of China University of Geosciences,2003,14(3):261-264.

Liu X,Han J,Zhong Y,et al. Implementing WebGIS on Hadoop:A case study of improving small file I/O performance on HDFS[C]. IEEE International Conference on Cluster Computing & Workshops,2009:1-8.

Lulseged,Hiromitsu. The application of GIS-based logistic regression for landslide susceptibility mapping in the Kakuda-Yahiko Mountains,Central Japan[J]. Geomorphology,2005,65:15-31.

Mario Mejia-Navarro,冯玉勇,罗朝晖. 利用地理信息系统(GIS)进行地质灾害和风险评估:研究方法和模型在哥伦比亚麦德林地区的应用[J]. 地质科学译丛,1995,12(3):72-79.

Matthew Hart,Scott Jesse 著,刘永健,等译. Oracle Database 10g High Availability with RAC,Flashback & Data Guard[M]. 北京:清华大学出版社,2005.

McKenna A,Hanna M,Banks E,et al. The Genome Analysis Toolkit:A MapReduce framework for analyzing next-generation DNA sequencing data[J]. Genome Research, 2014,20(9):1297-1303.

Nagarajan R,Roy A,Vinod K R,et al. Landslide hazard susceptibility mapping based on terrain and climatic factors for tropical monsoon regions[J]. Bulletin of Engineering Geology and the Environment,2000,58:275-287.

Nickerson B,Teng Y,Xiao J,et al. A framework for ready accessibility to geospatial data using the WWW[C]. Abstract on the 2nd International Symposium on Digital Earth, Fredericton, New Brunswick, June 24th-28th, 2001.

North American Geologic Map Data Model Steering Committee. NADM Conceptual Model 1.0—A conceptual model for geologic map inforamtion[R]. U. S Geological Survey Open-File Report 2004-1334, 2004, 58.

Oracle. Oracle Warehouse Builder User's Guide 10g Release 2[M]. Redwood: Oracle USA. Inc., 2009.

Oracle. The SQL Model Clause of Oracle Database 10g[M]. Redwood: Oracle USA. Inc., 2003.

Oracle. 使用 Warehouse Builder 优化性能[M]. RedWood: Oracle USA. Inc., 2004.

Orcale. Automatic Storage Management Technical Overview[M]. Redwood: Oracle USA. Inc., 2003.

Pachauri A K, Gupta P V, R. Chander. Landslide zoning in a part of the Garhwal Himalayas[J]. Environmental Geology, 1998, 36(3-4).

Papadias Dimitris, Tao Yufei, Kalnis Panos, et al. Indexing spatio-temporal data warehouses[C]. Proceedings-International Conference on Data Engineering Feb 26-Mar 1, 2002.

Patil A D, Gangadhar N D. OLaaS: OLAP as a Service[C]//Cloud Computing in Emerging Markets(CCEM), 2016 IEEE International Conference on. IEEE, 2016, 119-124.

Paulraj Ponniah 著. 数据仓库基础[M]. 段云峰, 李剑威, 韩洁, 等译. 北京: 电子工业出版社, 2004.

Pece V. Gorsevski, Piotr Jankowski. Discerning landslide susceptibility using rough sets[J]. Computers, Environment and Urban System, 2008, 32: 53-65.

Pelletier J D, Malamud B D, Blodgett T, et al. Scaleinvariance of soil moisture variability and its implications for the frequency-size distribution of landslides[J]. Engineering Geology, 1997, 48: 255-268.

Qian W, Gong XQ, Zhou AY. Clustering in very large databases based on distance and density[J]. Journal of Computer Science and Technology. 2003, 18(1): 67-76.

Ranjan Kumar Dahal, Shuichi Hasegawa, Atsuko Nonomura, et al. Padeep Paudyal. Predictive modelling of rainfall-induced landslide hazard in the Lesser Himalaya of Nepal based on weights-of-evidence[J]. Geomorphology, 2008, 102: 496-510.

Ru-Hua Song, Daimaru Hiromu, Abe Kazutoki, et al. Modeling the potential distribution of shallow-seated landslides using the weights of evidence method and a logistic regression model: a case study of the Sabae Area, Japan[J]. International Journal of Sediment Research, 2008, 23: 106-118.

Saro Lee, Joo-Hyung Ryu, Joong-Sun Won, et al. Determination and application of the weights for landslide susceptibility mapping using an artificial neural network[J]. Engineering Geology 2004, 71: 289-302.

Savary L, Zeitouni K. Spatial data warehouse-A prototype[J]. Electronic Government, Proceedings, Lecture Notes in Computer Science, 2003, 2739: 335-340.

Shekhar S, Chawla S, Ravada S, et al. Spatial databases-accomplishments and research needs[J]. IEEE Transactions on Knowledge and Data Engineering, 1999, 11(1): 45-55.

Smith K. Environmental Hazards Assessing risk and reducing disaster[M]. London: Rout-ledge, 1992.

SPSS. SPSS Regression Models 11.0[M]. Chicago: SPSS Inc. USA, 2001.

Sylvia Lam. GIS interoperability: current activities and military[J]. SPIE Proceedings, 1997, 3085: 106-114.

Takashi. Japan-China joint symposium on slope stability and their control[J]. 1995, 114-118.

Thusoo A, Sarma J S, Jain N, et al. Hive: a warehousing solution over a map-reduce framework[J]. Proceedings of the Vldb Endowment, 2009, 2(2): 1626-1629.

Van Westen C J. Application of geographic information systems to landslide hazard zonation[M]. Netherlands: ITC Publication, 1993, 15.

White T. Hadoop: The Definitive Guide[J]. O'reilly Media Inc Gravenstein Highway North, 2010, 215(11): 1-4.

Yao X, Tham L G, Dai F C. Landslide susceptibility mapping based on Support Vector Machine: A case study on natural slopes of Hong Kong, China[J]. Geomorphology, 2008, 101: 572-582.

Y. Thiery, J.-p. Malet, S. Sterlacchini, et al. Landslide susceptibility assessment by bivariate methods at large scales: Application to a complex mountainous environment[J]. Geomorphology, 2007, 92: 38-59.

Yilmaz I. Landslide susceptibility mapping using frequency ratio, logistic regression, artificial neural networks and their comparison: A casestudy from Kat landslides (Tokat-Turkey)[J]. Computers & Geosciences, 2009, 35: 1125-1138.

Zhang L, Li Y, Rao FY, et al. An approach to enabling spatial OLAP by aggregating on spatial hierarchy[J]. Data Warehousing and Knowledge Discovery, Proceedings Lecture Notes in Computer Science, 2003, 2737: 35-44.

Zhi Li, Ma Zongjin, Chen Quincy, et al. Anew vision and interpretation of digital earth: 4SIG[C]. Abstract on the 2nd International Symposium on Digital Earth, Fredericton, New Brunswick, June 24th-28th, 2001.